青春都一样，
柔弱
又坚强

周小雷——— 主编

Qing chun dou yi yang
rou ruo
you jian qiang

中国华侨出版社

序言

青春是一首歌,青春是一段路,青春是一把励志的剑。

这是一个如同早上八九点钟的太阳的灿烂人生季节,在这美好的时光里,追求知识,完善道德,砥砺奋进,收获爱情,承前启后,收束那曾经的青涩,扬帆人生的崭新征程。

我们生活的这个世界,发生着深刻而不以人的意志为转移的巨大变化。因应这个变化,首先在于完善自我,无论中国传统文化讲究的修身齐家治国平天下,还是现当代意义上的做一个全面、高素质的自由发展的人,完善自我既有道德品质修养的本质要求,也有科学文化知识的既定内涵。青春,只有奋斗和拼搏，才会在今后的人生旅程中少留下遗憾，不至于在回忆往事时因碌碌无为而悔恨，因不思进取而迷惘，因疏忽恍惚而稍纵即逝。

励志是当代生活对青春责无旁贷的要求，是处于青春期的今日少男少女成为明天改革建设栋梁的自我完善、成才成长过程中的必由之路。

励志是一把剑，足见它在人生过程中的重要，一把剑，也寓意着时间不等人，时不我待。青年朋友们，趁着年轻的朝气，搭乘时代发展的列车，磨砺奋发，拼搏进取，在拼搏中不断完善。

本书选取的，就是如今青春、曾经青春的作者们对于火热岁月的反思，对于美好情感的追怀，对于社会、人生、生活问题的独特思索与倾诉。

"学而不思则罔，思而不学则殆"，励志需要反思，反思依赖知识，知识必须学习。"千里之行，始于足下"，励志不是喊口号，不是常立志，而是立长志。奋斗的岁月值得怀恋，美好的情感值得收藏，些许的失误是人生的阅历，在这个摇摇晃晃的世界上，曾经青春过，曾经拼搏过，曾经迷惘过，周而复始，每一次往复都是一次新的提升。

青春是一把励志的剑，折射奋斗的足迹，唤起明天美好的憧憬，完善自我，服务社会，愉悦自我，在奋斗中求得快乐，在励志中带来希望，挥洒青春的梦想，成就人生的辉煌。

矢志不移，矢志前行，探索的途程中洒下汗水，收获希望。

青春是一把励志的剑！

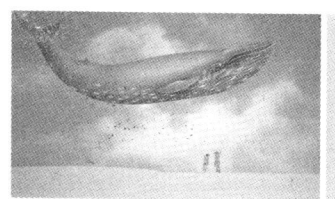

青春都一样
柔弱又坚强

目录
contents

PART 1
纵使青春留不住，回忆却甜蜜

不忘那段荒唐的青春岁月　暖　思 / 003

有一种美好叫蓝颜　十七汜 / 010

青春不老，我们已散　马　骅 / 016

愿有下一个我能陪你颠沛流离　亭后西栗 / 024

藏在心底的素白色纸笺　尔　雅 / 033

往事蔚曦　一水间 / 046

这个冬日的傍晚——致L　江晓英 / 054

柔弱又坚强
青春都一样

PART 2
让自己迎向阳光,向暖而生

你的每一滴眼泪,都将比珍珠璀璨　亭后西栗　/ 061

离开的不必怀念,是你的终会停留　马　骅　/ 070

哭泣过后,也能见到彩虹　宁　晔　/ 076

曾经的伤害,你可以笑着面对　伊达公主　/ 080

最黑的路,终要自己走完　暖　思　/ 087

那个梦,我还未曾忘记　醉伊笑红尘　/ 092

目录 contents

PART 3
别放弃,最好的人生才刚刚开始

找好未来的方向,现在努力还来得及　秋尹树　/ 101

人生不需努力,要的只是不懈　红了樱桃　/ 106

27楼,一样的风　江晓英　/ 114

梦,还在么　彼岸花主　/ 118

微雨时又想起了你　彼岸花主　/ 124

失败,只是成功路上踩歪的脚印　亭后西栗　/ 131

柔弱又坚强
青春都一样

PART 4
不是没有挫折，是我们不轻易言败

不是没有挫折，是我们不轻易言败　慕白雨　/ 143

梦想指向，黑夜里的光　伊达公主　/ 149

失败不是你的错，自卑却是你的过　幽　蓝　/ 156

纵然情深，奈何缘浅　一水间　/ 163

终于等到你了，还好我没放弃　尔　雅　/ 172

别怕，春天一定会来　暖　思　/ 180

学会接纳不完美的自己　张静雯　/ 183

你曾说，我是你的我　亭后西栗　/ 188

目录 contents

PART 5
懵懂岁月里,我曾深深爱过你

离别是一首悲伤的歌　楼雨辰　/ 201

一转身,已经是一辈子　楼雨辰　/ 206

再没有人能如你般爱我　十七汜　/ 211

放开手,我还你自由　幽 蓝　/ 217

我怀念的,是那时的无话不说　伊达公主　/ 224

懵懂岁月里,我曾深深爱过你　清荷诗语　/ 230

半颗糖,甜到忧伤　暖 心　/ 237

我生来忧伤,但你让我坚强　一 介　/ 242

PART 1

纵使青春留不住

回忆却甜蜜

坐在小石凳上关小鱼看看身旁的林池说："林池，以后一定要嫁给你。""如果七年之后，注定你是我的妻子，为什么我不提早行使我的权利。""你也看《何以笙箫默》？"关小鱼大惊。"看了。"说着，林池吻上关小鱼的唇，关小鱼眼角流出了一滴眼泪。林池，喜欢你五年，还好我没放弃。

——暖思

不忘那段荒唐的青春岁月

作者：暖思

我人生中最幸运的两件事情，
一件是时间终于将我对你的爱消耗殆尽，
另一件是很久很久以前有一天我遇见你。

24岁，他娶了她，蜗居在一个小镇。她问，"你还留恋外面的花花世界吗？"

他想了想，摇摇头说，"有你在，就是我的整个世界。"

22岁，七夕，她坐在他身边，她说，"以后我一定要嫁给你。"

他望望她说，"我们在一起吧！"

她听到之后，不可置信，掐了自己一把问，"这不是梦吧？"

他抱住她，吻上她的唇。

21岁，他已经失恋了一年，他翻开她给他写的厚厚的五本日记，拳头狠狠砸在墙壁上，流血了。那一年，她谈了一个男朋友，被欺骗了感情，他知道后，找人把那个人痛打了一顿。

19岁，他的成人礼，她把一个如意挂坠挂在他的脖子上，月光下，他凑了过去，吻了她的唇，那一年，她18岁，他们是彼此的初吻。

那一年，他还谈着一个女朋友。

那一年，她跑开的时候对他说，"林池，十年之后，你未娶，我未嫁，你就收了关小鱼吧！"

他望着她跑远的身影，仿佛还看得到她眼角暗藏的泪。

认识林池的那一年，关小鱼18岁，梳着一个花苞头，穿着粉红色蝴蝶结短袖，总是跟在他的身后，他走一步，她也走一步，他停下来，她也停下来，林池转过身说，"关小鱼，你烦不烦，总是这么跟着我？"

关小鱼看看林池摇摇头，又低下头咬咬嘴唇，不说话。军训的时候，林池和关小鱼被教官分到了一组，林池有模有样地走着"一二一"，关小鱼看着他出神，一不小心就撞到了前面的同学，结果一个推一个地倒了一串人，教官大怒，罚关小鱼站了两个小时的军姿。阳光下，关小鱼被晒得小脸通红，倔强地站在那里。来来往往的同学看关小鱼，都指指点点地取笑，怎么有那么笨的人？

林池偷偷看一眼关小鱼，不说话。

PART 1
纵使青春留不住，回忆却甜蜜

上课的时候，林池感觉后背被袭击，转头一看，关小鱼正捏着馒头团似笑非笑地看着他，下课，他走到关小鱼面前，"关小鱼，你这么大了，不知道浪费食物很可耻吗？"

关小鱼听着林池的话，不自觉地把手心捏紧。打球赛的时候，林池在球场上，身影矫捷。许多女孩子在旁边呐喊叫好，递毛巾的递毛巾，送水的送水，关小鱼手里捏着一片"心相印"的绿茶湿巾，始终没有递过去。

那一年夏天，香樟树绿得明晃晃，窗外蝉鸣得聒噪，关小鱼在日记本上一笔一画地重复写着林池的名字。

他从橘色的光影里走出来，她躲在暗处望向他，林池，你喜欢什么样的女孩子？林池，你喜欢听谁的歌？林池，你？

所有关于林池的点滴，在她的心里织成一个茧，她躲在里面，迟迟不肯醒来。做得最过分的一次，关小鱼登了他朋友的QQ，和他对话，只为打听出林池对自己的印象，林池不傻，怎么不知道关小鱼的那些小心思，只是，不忍拆穿，那个女孩子不愿被划破的心事。

闹得严重的一次，林池摔门而出，关小鱼哭了一早上，两人没有说话一个星期。

那天，关小鱼帮学姐拿订早餐的菜单给班里的同学，作为宣传人员，关小鱼将得到一份免费的早餐作为报酬，并帮学姐收集订购早餐的同学，那个时候，大家都是学生，没有多少零花钱。当时，林池选中了一份白粥，刚不巧，第二天早上白粥卖完了，林池没有喝到白粥，关小鱼觉得抱歉，拿自己的豆浆和馒头给林池，林池没要，却脾气上来，当着全班人的面摔门而出。被吓坏又很委屈的关小鱼抹了一个早上的眼泪，她不知道为什么林池要发那么大的火，不就是一份早餐吗？

时间过了一周，关小鱼早就不气了，只不过面对林池的时候，总是闪闪躲躲的，两人之间总是有一种尴尬的味道，最后还是林池先开的口，"小鱼，对不起，那天我……"

"没关系。"

"看在我第一次和女生道歉的份儿上，你就原谅我吧！"

"哦，我真的没有生气。"

"那我们和解了？"

"嗯。"

那一晚，两人之间的误会解除，再见面的时候，林池把水蜜桃味的真知棒递给关小鱼，关小鱼接过林池的棒棒糖，甜甜地一笑。

她叠了一瓶纸折的许愿星，每一颗星星里都写着相同的一句话：林池，我喜欢你！

林池收到许愿星的时候，只当是一份特别的礼物，没有想过里面有关小鱼的秘密。

关小鱼期待着林池能够知道她的心意，也期待林池喜欢的是她。可是令关小鱼难受的是，林池一直喜欢自己的闺密，嫣然，那个笑起来眼睛总是很无辜的，说话温柔得要溢出水来的闺密。从闺密口中知道了一些关于林池的过去，林池和同学打赌，为了兑现自己的话语，竟然当着同学的面从二楼的窗口跳下去，林池把一张纸吞进了口里，为了不泄露秘密，还要同学都觉得林池是一个奇怪的人等。

嫣然的那些话，除了让关小鱼目瞪口呆，更多的是让关小鱼心疼。

18岁的那个冬季，关小鱼亲手织了一条围巾送给林池，那一晚林池失意喝得酩酊大醉却还是摇摇晃晃地出现在关小鱼的面前。关小鱼刚把围巾给林池围上，林池就哇的一声吐在地上，那条被关小鱼用樱花沐浴乳洗了香喷喷的围巾就那样掉在了林池的那堆秽物上。关小鱼一下子傻了，说好的偶像剧浪漫情节呢？那个时候，不应该是林池感动得一把抱住关小鱼，并说关小鱼，你这个笨蛋，其实，我也喜欢你很久了！

关小鱼还沉浸在自己的幻想中，林池一把抓住关小鱼的手，"小鱼，你的手怎么这么凉？"

"我天生就是手足凉。"

"我给你捂捂。"

林池说完，就用双手给关小鱼哈气，林池的唇碰到关小鱼的手，关小鱼只觉得一股电流击中自己，心跳得厉害。

人家都说，酒后吐真言，关小鱼问，"林池，你还喜欢嫣然吗？你还忘不了她对不对，尽管她是你兄弟的女朋友？"

林池听到关小鱼的话，没有回答，而是问，"小鱼，你知道我这辈子最幸福的两件事吗？"

关小鱼看着林池摇摇头，林池接着说，"我这辈子，最幸福的两件事，第一件是时光把我对她的爱消耗殆尽了，第二是我好像很久以前就见过你！"

林池这么说的时候，关小鱼的心疼了起来。那时候，电影《青春期》还没上映，后来关小鱼看到电影里程小雨打开王小菲被打伤后送给自己的千纸鹤，里面写着"我人生中最幸运的两件事情，一件是时间终于将我对你的爱消耗殆尽，另一件是很久很久以前有一天我遇见你。"那一晚，关小鱼哭了许久许久，她不是程小雨，没有程小雨的美貌，林池也不是王小菲，不会为她不顾一切。

当关小鱼鼓起勇气去告白的时候，林池却和另外一个女生牵手了。那些日子，关小鱼每天吃着眼泪泡饭，每当林池牵着那个女生的手从关小鱼面前走过，关小鱼连呼吸都是抽离的。林池的恋情没有维系多久，就以被对方"戴绿帽"而告终，那一年，林池恋情失败。知道消息后的关小鱼给林池打了许多通电话，林池都没有接。

再后来工作了，林池和关小鱼去了不同的城市，关小鱼开始和别人谈起了恋爱，第一次恋爱，只谈了九天，第二次恋爱还好些，谈了三个月。每次，都是关小鱼提出的分手，当然受伤最多的还是关小鱼，女生在恋爱里吃亏总是多的。

关小鱼谈的对象，其实都很将就，只不过他们都有一个共同特点，侧脸都像林池，有着林池的影子。关小鱼，大概也就那样了，她和林池也早已形同陌路，关小鱼努力地去忘记林池，而林池却在等着自己的伤好，去给关小鱼他欠她的幸福。

再相见，已是两年之后的七夕节，林池和关小鱼回到了母校，又回到当初的那个大操场，那一天关小鱼一脸微笑，她跟在林池的后面，就那样静静地走着。

坐在小石凳上关小鱼看看身旁的林池说，"林池，以后一定要嫁给你。"

"如果七年之后，注定你是我的妻子，为什么我不提早行使我的权利。"

"你也看《何以笙箫默》?"关小鱼大惊。

"看了。"

说着，林池吻上关小鱼的唇，关小鱼眼角流出了一滴眼泪。林池，喜欢你，还好我没放弃。

有一种美好叫蓝颜

作者：十七汜

那最初的时光，原来曾经绽放的那般动人明媚，
他一步一步走回去，记忆里的那女孩依旧被时光温柔以待。
相互陪伴走过这么多年的女孩，愿你新婚快乐。

"今天波尔多的天气很不错，阳光照在身上暖暖的。

你送我的雏菊种子，已经长成了很漂亮的花朵，我把它放在窗前，马丹太太也夸我把它养得很好。

我帮埃克蒙大叔摘了很多葡萄，一会儿他就要教我怎么酿好喝的葡萄酒。等我酿好之后，要不要寄给你尝尝？可是我记得，你好像不会喝酒的样子。——连楚"

严澜看着这张来自法国波尔多的明信片,将上面寥寥的几句话反复地看来看去,眼前仿佛出现了连楚快乐大笑着,穿梭在葡萄田里面的模样,嘴角忍不住带上一丝笑容。

他已经不记得这是他收到的第几张明信片,自从连楚出国,立志要走遍世界各地之后,她每去一个地方,就会给他寄回来一张背景是当地风景的明信片。当初连楚信誓旦旦地说,就算他不能出国,她也会把各地的风景送到他面前,那时候她说这话时神采飞扬的样子,现在还能清晰地出现在他脑海里。

又是一个下雨天,严澜提前从公司下班,楼下传达室说替他收了一个从法国寄来的包裹,那个年轻小伙子还神秘兮兮地问他是不是女朋友寄来的,严澜只是一笑而过。

连楚这个人脑子迷迷糊糊的,总是记不住他的住址,反而将他公司的名字记得很牢,国外的包裹来了这么几次,全公司的人都知道他有这么一个喜欢送他礼物的红颜,在国外一直生活了很多年。

严澜回到公寓后,将包裹打开,里头就是连楚所说的她亲手酿的葡萄酒。连楚一直说他酒量不好,可那都是很多年之前的事了,在职场上摸爬滚打了这么久,他早就能面不改色地一口气喝下好几杯白酒。

那一晚上他靠在窗边,喝着她酿的红酒,看着整个夜空的繁星,突然就有些想念很多年前的那个连楚。

曾经的连楚,一头短短俏皮的头发,性格大大咧咧,不喜欢念书,却有着很多的奇思怪想,是老师最头疼的那种学生。按理说,一向乖顺的他应该跟她不会有什么交集，可在连楚知道他跟她有着同年同月同日生的缘分，甚至两位母亲在待产的时候住的还是同一家医院的隔壁病房时，这个女孩就开始频频在他身边出现。

后来，他开始清楚地知道她的各种喜好，也习惯了在对方拿着错题本来找他的时候，自然地给她讲解，更甚至于，他第一次翘课也是为了陪她去看一部据说很煽情很感人的小清新电影。

电影的内容他已经记不得了，唯一还有印象的是被她哭湿的肩头和被她拿回去说要帮他洗干净，结果却染上了各种颜色的衬衫。

连楚说要出国旅行的时候，他帮着她弄签证，买机票，在机场里任由她抱着自己哭得稀里哗啦，忍着把她推开，问她一句既然这样为什么还要离开的冲动，笑着目送她进了海关。

从那天起，他就只能在照片里看见连楚了，伦敦的下雨天，马德里的皇宫，柏林的火车，她的笑容，一直都明媚温暖。

"你一定猜不到，我现在是在哪，还记得我跟你说过的那个玫瑰庄园吗？我磨了好久，它的主人终于同意让我进去参观，我一直梦想自己有这么一个庄园，虽然愿望是实现不了了，能进去看看也好的。

在法国待了将近四个月，我也要离开了，跟马丹、埃克蒙告别。猜一猜，我的下一站要去哪？——连楚"

彼时的严澜正照母亲的要求，到一个咖啡厅里去见见她大学同学的女儿,也就是所谓的相亲。整个过程里严澜嘴角一直带着淡淡的笑容,对方说什么都以笑容以待,直到两个人变得尴尬,最后她告辞回家。

刚到家就接到了母亲的电话,他自然是被母亲训了一顿,被问及什么时候要结婚,严澜沉默着,没有给出明确答案。

这么些年,他的身边来来去去很多人,也交过好几个女朋友,但最后都无疾而终,按照连楚的话说就是,他或许会在等待一个人的时光里孤独终老。

也有人问他,他跟连楚这么好,为什么他们俩却没有在一起。这个问题连严澜自己也找不到答案,连楚很多地方都跟他很像,性格也合得来,可是他们却只能当这世界上最好的朋友。

总有些人,适合用来陪伴,而不是恋爱。严澜这么告诉别人。

那之后过了没几天,严澜在街上偶遇了一个彼此认识的熟人,他曾经是连楚交往过的男朋友,最后还是因为连楚觉得他管得太多,涉及了自己的隐私而跟他分手。

他向严澜问起连楚的近况,严澜笑着说她很好。他看着那个男人身边小鸟依人、目光灵动,却一脸戒备地看着他的女孩,她的身上似乎有着连楚当初的样子,可连楚却不会像她一样对一段感情这么患得患失,在男友聊起前女友的事情时,如临大敌。

最后女孩硬拉着男人走掉了,严澜看着他们的背影,突然就想,要是连楚还在那个男人身边,又会是什么样子?

结果却怎么也想象不出来，连楚是不同的，她的性格，注定了她不会为了某一个人停留。

恋爱时候的连楚是什么样子的呢？严澜开始回忆，笑容会比以前更多，会时不时地说起另一半怎么怎么样，可是更多的时候还是在抱怨，抱怨对方做的什么事让她看不惯，脸上却带着她自己所不知道的甜蜜笑容。她也会像处于恋爱时的普通女孩一样，跟对方吵架了会烦恼会哭，跟严澜数落对方的种种不是，一转身却在男友认错的时候扑进他怀里。

连楚的恋爱，轰轰烈烈，结局却总是以分手收场，她敢爱敢恨，分手的下一秒就会将前男友送她的所有东西收拾好，让他帮忙扔进垃圾桶。

严澜则跟她不同，谈恋爱的时候好好谈，连分手也是和和气气的，平淡得就像他这个人一样。连楚总是嘲笑他不懂生活的激情，可他只是习惯了温和的生活态度。

听她说最近她又恋爱了，对方是一个跟她一样喜欢旅行的中国人，两个人在她提到的那个庄园的玫瑰花田里相遇，就此一见钟情。

严澜微笑着跟她视频，听她说新男友的种种优点，然后端起边上放着的红酒杯，小口地品着深红色的液体。

"我跟梁壬来到了罗马，准备在万神殿附近找地方住下来，这里的建筑很精致雄伟，很合梁壬的审美，他说要在这里多待一段时间。

接下来我要去的是佛罗伦萨,要是没什么意外的话,我跟梁壬,会在那里举行结婚典礼。你不会想要缺席我的婚礼吧?你可是我这一辈子唯一的蓝颜。——连楚"

明信片的背面,是一男一女互相依偎着,笑容甜蜜,在万神殿外拍下的照片。严澜将这张明信片放进办公桌边上一个木制的盒子里,里头已经躺了很多张来自同一个人的明信片,他将这张放在最上面。

然后盒子盖上,重新上了锁。

几个月后,严澜出现在佛罗伦萨的一个教堂门外,看着那一对互相许下相伴一生的约定的新人,嘴角含笑,目光温柔。

曾经跟他一起,走遍学校附近的大街小巷,在下雨天踩过水滩,跑过操场,翻过学校围墙的女孩,在这一天找到了另一个能待她好的人。

那最初的时光,原来曾经绽放的那般动人明媚,他一步一步走回去,记忆里的那女孩依旧被时光温柔以待。

相互陪伴走过这么多年的女孩,愿你新婚快乐。

青春不老，我们已散

作者：马骅

年轻真好啊！感谢青春岁月里遇见了你，
这是值得骄傲的一件事情！
可惜，青春未老，我们却要在人间失散，
这是多么疼的一种失散啊！
尽管如此，你还是应该选择坚强和乐观，去面对未知的一切。
因为青春所付出的代价，爱的代价，毕竟是为了更美好的未来！

莫小北终于还是看见了。

陈风的墓碑。

心头慌乱得像网中的飞鸟，她尽力地告诉自己，不会是他！

多么熟悉的名字。曾经有那么多年，每次给钢笔灌上墨水后试笔，她都会习惯性地写下这两个字。即使分手以后，这个习惯还顽固地如影随形，不由自主地存在着，一直到她后来遇见秦朗。

不会是他！本想躲开一切的联想，但莫小北还是挣扎着再次望了一眼墓碑，出生年月日告诉她，是他！霎时间，她脑中像雷轰电掣一般，空白一片。

秦朗在身后轻轻拍了一下莫小北的肩膀，没有说话，他想用这种方式安慰一下莫小北。半年后的 10 月他们将举办婚礼，这一次回来，要把莫小北的母亲接到上海一起生活。今天他陪着莫小北给她的父亲扫墓，以后和这座城市的联系就少了。对莫小北来说，这是和父亲的告别，和这座城市的告别，此刻她难过的心情他都能理解。

神情没落的莫小北在回去的路上，始终一言不发，秦朗也没有多问。只有莫小北自己知道，自从初中二年级父亲去世以后，15 年过去了，她已经能平静地接受没有父亲的生活，对父亲的思念，淡淡地存在于她忙碌的生活中。今天让她无比震惊的是陈风，墓碑上的陈风！

吃完晚饭，莫小北陪秦朗走到离家不远的宾馆门口，她对秦朗说："今晚我去陪陪妈妈，明天我去和几个同学道别，你就在家陪着妈妈吧。"秦朗点了点头。

回到家里，母亲拉过莫小北："怎么今天你回来跟丢魂一样，无精打采的？"莫小北不想在这个时候平添事情，于是说："没事的，可能就是这几天累了。"

回到自己的卧室，莫小北打开手机想要找到和陈风熟悉的人，却发现一个都没有。高中以后，在叔叔的安排下，莫小北在国外念了七年书，毕业以后又直接去了上海，和原来的同学联系本身就很少，更何况在国外的第三年，陈风提出了分手，她偶尔回来，也是来去匆匆，从内心来讲也屏蔽了和陈风可能存在的所有联系。不去联系，也就不会再涉及伤心，她曾经一直这么想。

可现在的莫小北不甘心，世界上巧合的事情多着呢，也许今天看到的墓碑上的陈风，不是那个自己曾经深爱过的陈风呢。尽管当年自己一个人在国外念书，陈风提出分手时曾让她陷入深深的无助，但确实也像陈风说的，你会遇见一个更合适你的人，她认识了国外读书的同学秦朗。渐渐地，陈风带来的伤害在她心中释然，偶尔想起高中那些年陈风对她的好，给她的快乐，她发现当年自己那些爱，是值得的，也许是陈风让她成为现在的自己，她也希望陈风能有幸福的生活，像现在的自己一样。

莫小北通过通讯录上的一个朋友辗转找到一个同班同学，又通过这个同学，找到了陈风那个班里陈风的死党钱小军。

在拨下钱小军号码的那一刻，莫小北在心里祈祷着。"我是莫小北。"电话那头死一般的沉寂了十几秒，莫小北明白，有些事是真的发生了。

第二天中午，在自己的母校门口，莫小北见到了如约而来的钱小军，让她意外的是张丽也来了。"我俩结婚三年了。"钱小军说。

在学校的体育场，三个人在看台上坐了下来，莫小北小心翼翼地问张丽："我在国外念大三的时候，陈风打电话来说分手，他说我们这样异地恋靠不住，我说我终归是要回来的，等着我。可他又说和你，已经在一起了，有这回事吗？"

张丽避开莫小北询问的眼神，望着脚下的台阶说："那是他编的，为了让你死心。"

"为什么？"莫小北问道。

"他那个时候，已经知道自己不行了。骨癌，转移到肺了。"钱小军说，"就是他大三的时候查出来的。他来我们班，就是体育特长生招进来的，这你知道。后来考上体育学院，他的意思如果将来能出成绩，就当运动员拼几年；如果不行，就想回到咱们学校当个体育老师。"

张丽接着钱小军说："每次他放假回来，都会兴奋地跟我们手舞足蹈地说你们将来的生活，各种憧憬，各种向往。谁知道原来我们最看好的一对，结果还是没有缘分走到一起。谁知道原来身体最棒的人，最后却被病击倒了。你在国外念书的前几年没回来过，本来我们知道他的病没有希望之后，想通知你回来一趟，就算死也要见上一面啊！"

张丽哽咽着掏出纸巾，自己擦了擦眼睛，把其余的又递给莫小北。莫小北此时已经泪如雨下，她哭着说："那他，还有你们，为什么不通知啊？我一定会回来的！"

钱小军说:"他也这么说,如果告诉你,你一定会回来的。可是他警告我们不许告诉你。为这件事,他还发火说,回来又怎么样,哭死吗?一个病死,一个哭死,好玩吗?他这样说的时候,我就觉得他心可真够硬的,可能是练体育练得吧。他说你没有了父亲,在国外念书是多好的机会,多不容易,不能拖累耽误你。他这样说的时候,我又觉得他心其实很软。"

莫小北双手捂住脸,任由泪水顺着指缝流淌。张丽搂过她的肩膀,让她靠住自己的身体。三个人沉默良久,莫小北抬起头说:

"我和陈风就是在这个体育场认识的。那天晨跑,我突然头晕得厉害,天旋地转一样,然后靠着这个栏杆就坐下了。陈风正好跑到这儿,问我,同学你是不是发烧了?还摸了摸我的额头,可能他当时认为学生最严重的病就是发烧吧。后来看我不对劲,他马上抱起我往医务室跑,医务室的齐老师也慌了,叫陈风抱着我在校门口打了车去医院看急诊,结果心脏大脑都没问题,是低血糖,吊了葡萄糖就好了。可陈风记住了医生了话,隔三岔五就会给我一包饼干或者几块巧克力。他经常会拍着我的脑袋夸张地说,那天真危险哪,真是吓死人之类的话。他跟我说,饼干和巧克力是预备头晕的时候吃的,平时可不能都吃完了。可是我常常是嘴馋就都吃完了,但马上他就会补充上来。

他们体育特长生是住校的,开始我也没在意,后来知道他其实是节省自己的生活费给我买的，而且他自己练体育更需要吃饱，所以他给我买的我就吃得少了。他再给我买的时候，上次给我的还在呢。不知道他哪儿听说的，我父亲不在了，每次再给我买吃的时，就逼着我把之前的吃完，还装模作样地看着包装说，要过期了，不吃就浪费了，浪费是最大的可耻。那个时候的每一块饼干和巧克力，真是甜啊，真的是甜的。

可能是父亲走得早，我心里是缺乏安全感的，比较敏感，所以也没多少朋友。陈风那个时候是我精神上最好的朋友，是我可以倾诉和发泄的对象。我总是用学习上的成绩来弥补我的安全感，考试之前总是特别紧张。他就会送我放学，一路上说好玩的事情和笑话，每次快到家门口的时候，他就故意严肃地打量着我，憋着嗓子说，我看这个姑娘，就是出类拔萃之辈，这次考第一没什么问题。我每次都会哈哈笑出声来，回到家还会偷偷地笑。到国外念书的时候，有学习的压力，想起这些情景，还是会笑。

其实到国外念书，是叔叔的安排，我是不太积极的，因为要离开妈妈，离开陈风，我觉得我一个人承受不了。还是陈风，他跟我说，以我的成绩一定能考到奖学金，到时候一定买点国外的好吃的寄回来给他，算对他的饼干和巧克力的回报。还给我天花乱坠地说书上、纪录片上国外的风光，夸张到好像是天堂。我其实明白他的意思，就是鼓励引诱我出去念书，他说我会有一个好的未来。可是这一出去念书，再见竟然是阴阳之隔……"

莫小北又一次抽泣起来，钱小军和张丽也不知道用怎样的语言去安慰，只好默默地抚着她的后背，拍着她的手。

等莫小北平静下来，擦干脸庞，已近傍晚。两人扶着莫小北站了起来，钱小军从包里取出一个牛皮纸袋交给莫小北："这是他留下的东西，他走之前说，要是你回来找他，就交给你；要是你不回来，就算了。你拿着吧，也算我们完成任务了。"

在学校对面的一间咖啡厅，莫小北打开牛皮纸袋，里面是一沓生日贺卡。放在最上面的，竟然是给两年之后才会到来的莫小北的30岁生日的贺卡，上面写着：

亲爱的小北，今天是你30岁的生日，这个时候你应该已经有了自己幸福的家，说不定还有可爱的孩子了。那么，就有人替我一直这样每年祝你生日快乐了，我的任务到此结束了。我说过，你会遇见一个合适你的人；我也说过，你会有一个美好的未来。我喜欢你笑的样子，所以，去笑对你的未来吧。

莫小北又翻到最后一张，是陈风生病也就是他们分手那一年写的。她擦去眼角湿热的眼泪，看清贺卡上写着：

莫小北，生日快乐！年轻真好啊！感谢青春岁月里遇见了你，这是值得骄傲的一件事情！可惜，青春未老，我们却要在人间失散，这是多么疼的一种失散啊！尽管如此，你还是应该选择坚强和乐观，去面对未知的一切。因为青春所付出的代价，毕竟是为了更美好的未来！

愿有下一个我能陪你颠沛流离

作者：亭后西栗

青春的纪念册，刻满时光擦不去的痕迹。
那是你我一起哭过、笑过、疯过的回忆，
更是你我永远怀念、留恋、铭记的过去。
我的回忆里，有个写满故事的你，
唯愿你的未来，总有下一个我。

"嘿！我考上 C 大了！"

一巴掌重重地拍在肩上，笑笑整个人都震了一下。

"你傻的吧？C 大算个头啊！想让我拍死你是吗？"笑笑转头对着身后的人影大吼。

那是小伟，她相识三年的同学、好友，更是她的损友。

初中升高中的时候,笑笑被好友伤害了。

年轻的感情总是无所谓对错,但笑笑还是蹲在街角放声大哭。

小伟是路过的,"我说你,你好意思吗?被别人欺负了就哭成这样,你有没有点志气!"

笑笑抬起头,翻了一下挂满泪水的眼皮,说:"你谁啊?"

"我是谁重要吗?就那样的人,你还为他哭得撕心裂肺,你这傻女人,活该。"

小伟说着,将手插进裤兜,优哉游哉地踩着斑马线,穿过马路,消失在笑笑泪眼模糊的视线中。

升入高中的第一天,笑笑就发现,她和小伟成了同班同学。

"你叫笑笑是吧?我们好像认识哦!"小伟主动招呼。

"你谁啊?"笑笑翻个白眼。

小伟笑笑。

"还是那么傻,哈哈哈哈。"

这一次,还没等小伟手插着裤兜走出教室,一本厚厚的英语教材就飞了出去,正劈在小伟的肩膀上。

"你这女人!"

"下次少在我面前说话!"

上学的第一天,两人就大打出手,同学们的猜测自然也纷至沓来。

很快,笑笑和小伟就被流言和蜚语传成了公认的一对校园情侣。

他们就这样打着骂着"情侣"了三年,各自成长,各自在成绩单的表格间攀爬。

"笑笑,你到底考上哪儿了?"

"不用你管,走开走开。"

小伟不是笑笑的男闺密,但笑笑是个表里如一的女汉子,所以他们的节奏永远合拍。

暑假里,小伟接到笑笑的电话。

"喂,笑笑?不是出去旅游了吗?"小伟躺在床上问。

"你哪天走?"

"我?2号吧。"

"买票了吗?"

"还没有。"

"那你买票的时候给我买张一样的。"

"为什么啊?"

"哪儿那么多为什么,让你买你就买,行了我挂了。"

不等小伟回答,笑笑的电话就挂断了。

其实,笑笑的那张录取通知书,也是C大的。

"早说啊!你当我傻是不是?"

小伟站在笑笑家楼下,看着她大包小包地拖着行李走出来。

"谁像你,乐得尾巴都翘脸上去了,一嗓门全校都知道了。嘁,上个C大算什么啊!"

"不算什么你换什么新衣服?"

"闭上你的嘴,拿着我的箱子,前进!"

"那我的箱子呢?"

"扔了。"

笑笑风风火火地拦了一辆出租车,和小伟一起将两人的行李塞进后备箱。

"我说你们俩,是同学吗?"司机忽然问。

"是啊!"小伟说。

"到一个城市去读书?"

"是啊!"笑笑说。

"我看你们俩关系挺好的,你们怎么不谈谈试试?"

"我们不合适!"两人一起说。

远离故乡的校园生活,因为有小伟,因为有笑笑,因为彼此,他们过得相当欢乐。

没钱的时候,在食堂一起啃馒头大饼,有钱的时候,两人合伙请一帮同学出去胡吃海喝。

考试的时候,一起在图书馆熬夜复习,休息的时候,两人组团拉几个朋友出去游山玩水。

"你们两个,不当情侣都可惜啦!"朋友们常说。

笑笑和小伟会默契地互相搭住对方的肩膀,摇着头一起说:"我们比情侣关系好多啦!我们情比金坚永不吵架!"

笑笑有一个很温和的男朋友,笑笑喜欢叫他"小猫",小伟很喜这只"小猫",他一有空就拉着"小猫"一起吃饭聊天看学妹,结果,笑笑一度被两人彻底冷落。

小伟喜欢上一个非常漂亮的系花,发誓一定要将她追到手,笑笑则为他摇旗呐喊。

后来,系花头脑发昏,真的跟小伟谈起了恋爱。

那一晚,笑笑和小伟喝得大醉,让"小猫"陪着,在深夜的大街上唱着,走着,吹着牛,做着梦,笑了一夜一路。

毕业前,笑笑在公司的聘用合同上签了字,打算回到故乡过日子,"小猫"说,他要和笑笑一起回去,就算笑笑的家乡离他的千里万里。

小伟点着头,说"这样是大好的"。

他找到的公司,在系花的家乡,他笑着说,他和"小猫"都要做上门女婿了。

可毕业那天,系花送给小伟一张"好人卡",结束了他们长达一年的恋情。

那一天还没有过完,小伟就收拾了行囊,消失不见。

"他们说小伟失踪啦!""小猫"提着笑笑的行囊说。

笑笑只是耸耸肩:"走吧,我们回家。"

小伟还是经常会在半夜打来电话。

"笑笑,睡了吗?"

"没。"

"'小猫'呢?"

"怎么，你找他？"

"不。"

"你在哪儿呢？"

"桂林。"

"平遥。"

"澜沧江。"

"罗布泊。"

"草原。"

"孤岛。"

"岩洞。"

笑笑觉得，他快要走遍他们学过的所有地理名词了。

终于有一天，笑笑问他在哪里时，他沉默半晌，忽然说："我也不知道。"

"走累了，就回来吧。一个人疯不无聊吗？"

又是一阵沉默

"无聊。"

电话的那头，隐隐有种气流的震荡声，接着，电话挂断了。

又过了不知多少个安静的夜晚，手机又响了起来。

"喂？小伟啊，这回你在哪儿？"看看时间，才晚上11点。

"我在葱爆酒吧，你来不来？"

笑笑猛地坐起来。

她拿着手机一骨碌下床，胡乱穿了件内衣，抓起钱包披件外套就出了门。

20分钟后，在葱爆酒吧强劲的音乐中，笑笑猛冲上前一把将小伟连人带脚凳扑翻在地。

"你换个淑女点儿的出场会死吗？"

"还好意思说我！你这么久死哪儿去了！"

两个人在众目睽睽之下爬起来，互相吼叫着，眼里却荡漾着泪光。

小伟黑了，瘦了，他回家了，但很快，他还要去广州。

他说在那里，有个很棒的工作，他以后可能不会回来了。

那一夜，笑笑和小伟脚下摆满瓶子，笑声里全是眼泪，为这些年的疯癫和记挂，为今后的想念和追忆。

喝够了酒，两人摇摇晃晃地互相扯着，踢着酒瓶走出酒吧，慢慢地回家。

"我送你去！"小伟说。

"行！"

"你跟'小猫'办婚礼了吗？"

"没有，想今年办。你呢？"

"我打算买个芭比娃娃跟它办。"小伟说。

好不容易走到笑笑家的小区，笑笑却忽然站住了。

"坐会儿吧！"她说着，推开小伟，像只鸭子一样朝小区花园走去。

接着，扑通一下，在初秋的草地上，躺成一个舒展的大字。

小伟将手插进裤兜,晃到笑笑身边,坐下来。

"说说你。"笑笑说。

"没什么说的,我没有钱,还没有房子,也没有老婆。"

笑笑一巴掌拍在小伟背后。

"让你说好事!"

"哦,那一次,在川南雨后的小村,我飞奔在一片泥泞中,脚底沾满湿滑,再甩到后背和头顶,我在泥泞中打滚,像每一头行将屠宰的肉猪。"小伟说着,躺到笑笑身旁,仰望着头顶昏暗少星的夜空,慢慢说,"但我想,我比它们幸运,因为,我看到过天。"

"你是个傻子!"笑笑说。

小伟抹一把眼睛。

"我在路上,总会想起你,想起你蹲在路角嗷嗷哭,为那个人渣。"

"你想点好事!"

"我总想,我们一起傻过一起哭过,现在,你有了幸福,还有谁能陪我颠沛流离。"

"你这傻小子!"笑笑闭上眼睛,笑着骂,眼泪却噼里啪啦地落进耳朵里。

那一夜,他们相拥着在楼下的草地上睡到天明。

第二天一早,笑笑的母亲出去买菜时看到这一幕,险些昏过去。

但"小猫"却什么也没说。

他将小伟塞进家中的卫生间冲澡,然后告诉小伟,他和笑笑的婚礼，一定要来。

　　婚礼那天，小伟滴酒未沾，他看着曾经披头散发的笑笑挽起长发，看着曾经短裤齐裆的笑笑披上婚纱，微笑地拥抱他。

　　"以后你找老婆，必须比我漂亮，记住了吗？"笑笑说。

　　小伟笑着点头，手里抱着笑笑和"小猫"送他的礼物。

　　那是一本厚厚的影集，笑笑将她和小伟这些年来的照片都塞了进去，疯癫的，欢乐的，悲伤的，一起走过的。

　　在影集的最后一页，笑笑用她那不怎么美好的字迹，认真地写下：

　　"我的青春回忆里，有个写满故事的你，在每个夜晚，每个白昼，在每个晨昏交替的欢喜和叹息声中；唯愿你的未来路，总有下一个我，陪你在整个世界，颠沛流离，不醉不归。"

藏在心底的素白色纸笺

作者：尔雅

> 黎初安看着眼前人潮涌动，
> 路人看她哭着哭着又笑了，
> 只有她自己知道，她等了多年的幸福，
> 终于呼啸而至。

黎初安，很多年前，我就知道我这一生最无法避免的事，就是被你经过。而当我路过许多的人，看过许多的景，谈过许多次恋爱，却颓然地发现，纵然这世间再繁华，也只有你的姓名才能被我冠以美梦。

2014年的跨年之夜，黎初安站在灯光璀璨的上海外滩，目之所及皆是一派欢乐喜庆。她从未觉得跨年是何等重要的大事，好友一通电话好说歹说要她一起去参加跨年演唱会。黎初安纵然心里千万个不愿意，一想到平日欠她人情良多，万般无奈也只好应承。到广场寻了位置坐下后，黎初安听着四周沸腾的喧嚣声，莫名觉得身心俱疲，便随意诌了一个借口挤出了人群。不得不说，上海的冬天还是挺冷的，比起四季如春的家乡，黎初安就是在这个城市待了许久仍旧无法习惯。算算时间，她来上海已经有三个年头，也就意味着，她已经有三年没回家，她已经有三年，没再见过沈熠尘。

兀自叹了口气，黎初安发了短信给好友表示抱歉，独自回了住处。窗外烟火长鸣，她被吵闹声弄得睡不着，索性捧了本书，随手间竟然翻到了聂鲁达的《我在这里爱你》，记忆如同隔空抛物，沈熠尘漫不经心的声音仿佛就在耳边。"我的生命日渐疲惫，它向往无矢之舟，我爱我所不能拥有的事物，你如此遥远。黎初安，你喜欢看的怎么都写的不知所云，什么叫向往无矢之舟，我只知道只要我在一天，你就休想离开。"黎初安有些无奈地苦笑，今晚怎么总是想到他。关了灯，少年都容颜渐渐明晰，竟也慢慢睡着了。

2015年的第一天，黎初安被一波又一波夺命连环call吓醒，她这边犹自睡得香甜，外面早已天翻地覆。原来，就在黎初安走后不久，广场上就发生了踩踏事件，伤亡还挺惨重。昨晚，她在朋友圈po了一张外滩的夜景，新闻出来后，同事们纷纷打电话询问，黎初安自觉暖意，在得知好友平安后，懒散地窝在沙发里，日光倾泻，唇边不由带上一抹满足的微笑。

八年前,黎初安远不如现在这般不缺温暖。那时她竖起浑身的刺来保护自己,几乎没人愿意和她做朋友,脾气火爆、独来独往,透明得如同空气。黎初安成长于一个小康家庭,幼时父母和乐,也曾当过几年公主,可好景不长,黎初安的父亲被骗,家中所有积蓄几乎都用在了担保上,还连带着欠了好几百万的外债。黎父自觉无脸再见妻儿,爬上十层楼顶跳了下去。

自此后,黎家境况便急转直下,黎母不得已卖掉了房子,东拼西凑还清了债务。从宽敞明亮的三居室一下子沦落至只有二十几平米的狭小车库,黎初安眼见着母亲起早贪黑日益疲惫,自知帮不了什么,只能努力学习,希望用成绩单上的优秀表现来使母亲宽慰。可无奈天意弄人,黎初安靠着深夜苦读也只能占据中等水平,黎母没有过多责怪,只是叹息的次数越来越多,她沮丧于自己的不争气,却依旧努力着,最终以刚过线的分数惊险升入重点高中。

年少叛逆时,班级里总喜欢拉帮结派,嘲笑打压一切看不顺眼的人,黎初安少言寡语的性格,加之单调的穿着和一直上不去的成绩无疑成为最好的靶子。二节课下的休息时间,一些男生开始围在一起打闹。黎初安从旁边经过,好事的男生故意提高了嗓门,宣称看到黎初安出入夜店,添油加醋说了许多难听的话。班级里轰地一下炸开了,各种指点议论纷纷。

黎初安平静地回到座位，转身将手里的凳子砸了出去，那男生骂骂咧咧作势打人，黎初安周身寒气逼人，冷哼着警告："你若是再敢招惹我，这凳子可就砸不偏了，你爸妈没教过你什么叫诚实和尊重，乱编乱诌自以为成了焦点，真是可怜到可悲！"那男生叫嚣起来，最终被另一个男生劝下，那个男生就是沈熠尘。

　　彼时的黎初安情商开发的略迟，即便是对沈熠尘这样帅气的男生也丝毫没有想法，黎初安对他帮忙解围的这件事遗忘得迅速，沈熠尘也没想过跟她有太多交集，只不过出于班长的义务不想把事情搞大。连他自己也没想过，双方的交集缘于此，之后便一发不可收拾。

　　那天放学后，黎初安由于补笔记回去得有些晚，骑车路上却撞见了沈熠尘。要说平日里他都一副干净少年的模样，现在只能用狼狈不堪来形容。他被好几个混混围在一个巷子，好似在争执什么，其中一个混混一拳打在沈熠尘的左脸。黎初安向来不爱管闲事，可那时不知哪来的勇气，孤身站在巷子口，竭力用平稳的声音让那些混混滚开，她已经报了警。混混们听到不远处响起的警车声响，只得恶狠狠地走了。

　　"你还好吗？"

　　"死不了。"

　　"那我走了。"

"你，今天的事，谢了。"

"哦，没事。"

"你不会真报警了吧！"

"没有，我在拐角让一个小孩按的玩具警车。"

"还挺机灵。"

沈熠尘整理好衣服，对着车窗照照，只是轻微肿了些，在心里庆幸没破相，不然他回家又要被他爸好一顿数落。黎初安看着面前正细致地观察伤口的某君，好心地劝他："打架不好，我回家了。"沈熠尘斜眼瞪着黎初安，考虑了一会儿，"以后放学我们一起走，你到校门前面的拐角等我，就这么决定了，还有今天的事情不许对任何人说。"

黎初安觉得莫名其妙，冷冷拒绝，她可不想跟这个看起来就不像很安分的人扯上半毛钱关系。跨上自行车，留给沈熠尘一个潇洒的背影。沈熠尘觉得自尊心受到了深深的打击，他明明是怕混混找她麻烦，一番好意却被果断拒绝，本来不想管她，可无奈今天的事情由他而起，于情于理都该护她周全，沈熠尘看着扬长而去的某人，气得迸出一句："这死女人，要她帮个毛线忙！"

隔天放学后，沈熠尘果然在巷子旁等她，黎初安下意识地皱了皱眉，被沈公子看在眼里，本就不情不愿，一股脑儿将怨气全都倒了出来："你这女生怎么不知好歹啊，我好心在这等你你还皱眉，要不是怕你被那些混混缠上我才不管你，哪凉快哪待着去！"黎初安瞪了他半晌，哦了一声就走，沈熠尘就像发泄在了一个棉花糖上，后劲还反冲回自己，恨恨地抱怨一声，骑上车跟着某没有眼力见的女生。黎初安从一开始就不想跟他有交集，以至于沈公子连着护送她一个多月，两人都没有说过一句话。

可渐渐班里开始出现风言风语，黎初安不想惹麻烦，就递了张纸条给沈熠尘，大意是她可以自己回家，谁料被窗外巡查的教导主任发现。在这所纪律与学风并重的学校，早恋无疑是死罪一条。有了那张纸条，教导主任一口咬定他们两个有问题，黎初安百口莫辩，沈熠尘也没料到事情会变成这样，索性承认。

"老师，不关黎初安的事，是我单方面喜欢她，所以放学的时候跟着她罢了，别冤枉好人啊！"说完还一副义正词严的模样。教导主任盯着他俩许久，"沈熠尘，你眼光没问题吧！"沈熠尘就差没栽倒，现在是解决问题啊喂，怎么转移到他的眼光上了，吸了口气，大声地说："报告老师，萝卜青菜各有所爱，你有权利质疑我，但是没有权利质疑我的眼光。"教导主任抱着杯子的手抖了抖，"这件事你们认为我应该怎么处理？要不让你们家长提前见个面，还是在全校面前读检讨？"黎初安一慌，沈熠尘更是连连摆手，他本就是为了解围才这样说，被大家知道了他还要不要混了。

"老师，还有第三种解决方案吗？"

"听说,再过一个月全省联考要来了啊?"

"您直说吧,只要我办得到,我一定万死不辞!"

"不要你死,这次省考两人成绩必须在年级前 50,不然等着通知家长吧!"

"保证完成任务!"沈熠尘的成绩本就可以达到年级前 50,倒是黎初安,只能保守停留在年级一百五六十左右,沈熠尘沾沾自喜认为是一个很好解决的问题,可瞥到旁边脸快皱成一团的黎初安,突然有了不好的预感。

为了全力应付考试,班级组织了同学进行互帮模式,沈熠尘身边立刻围了一群女生,时间长了就觉得有些聒噪,回头看见黎初安奋笔疾书,跟班主任沟通了一下任性地将位置调到了黎初安的前面,美其名曰要帮助黎同学学好数理化。自此以后,黎初安的世界里就不停地充斥着某人的大惊小怪。"黎初安你是猪吗?这么简单的题都不会,笔拿过来。干吗,一副苦瓜脸是怎么回事,我说的不是事实吗!""黎初安你怎么总是独来独往的,不合群,真是怪人。" "黎初安你怎么老是吃素的,我吃肉都吃腻了,来来来,我们换一下。""黎初安,你笔记给我看一下,哎你上课到底有没有认真听啊,这个,这个,还有这个,老师说了重点你怎么没记全,你是猪吗!"

黎初安看着面前张牙舞爪的某人,在心里很想把他捏碎,不过沈熠尘倒是张弛有度,每次开玩笑都会距离她最后一到防线 0.0001 厘米的时候果断收住，一本正经地教她题目。

经过一个月的突击训练，黎初安联考成绩突飞猛进到年级第49，沈熠尘则是保持在年级前30。班主任看到成绩后乐开了花，把他俩叫到办公室一阵勉励，并坚定了他俩作为互帮对象的政策，黎初安心里叫苦不迭，沈熠尘倒是一副漫不经心的随意态度。他俩走后，班主任念叨了一句："果然爱情的力量真伟大啊！"

快高考的时候，沈熠尘问黎初安想考哪里的大学，黎初安考虑了片刻，"上海或是北京吧！"沈熠尘在草稿纸上挥毫的动作突然停了一下，"姑娘心挺大啊，想去国际都市啊。"黎初安一脸黑线，不再理他。"你怎么不问我想去哪？怎么这么没良心呢你！"黎初安再度做无语状，"那你要去哪？""我不告诉你，哈哈哈哈哈。"黎初安忍无可忍，抓起桌上的书一把拍上某张得意忘形的脸。

高考后，黎初安收到了北京B大的通知书，而沈熠尘，阴差阳错去了上海。同学聚会的那天，沈熠尘被一票人围住劝酒，喝得醉醺醺。黎初安自觉没趣，便在酒店的阳台边看夜景。谁料沈熠尘摇摇晃晃地走过来，一个没站稳靠在了墙边上。

黎初安皱皱眉头，拿出湿巾递给他，沈熠尘吹了会儿冷风，清醒了大半，眯着眼睛问黎初安怎么去了北京，黎初安波澜不惊地说北京挺好，结果沈熠尘一下子暴躁起来。"你这死女人，怎么老没眼力见，好什么好，我不在北京，北京就不好！"黎初安看着眼前大放厥词的某人，突然心动了一下。"黎初安，不是说好填上海的大学吗？"说完凑了过来，在黎初安唇上轻轻一吻，黎初安愣住了，"做我女朋友，就这么决定了。"黎初安的暴脾气被彻底激了上来，一巴掌甩了上去，"我决定才管用！"沈熠尘被这巴掌打蒙了，看着黎初安气呼呼地走开，竟然忘了追。

  黎初安心中囧得不行，想起刚刚的那个吻，心跳不禁漏了大半拍。这个死男人，就那么轻易地抢了她的初吻，喝得醉醺醺的表白是什么节奏，鬼才会答应。别人的初吻都是甜蜜的，她以后提起的时候要说她的初吻充满了酒味吗！不过囧归囧，沈熠尘大半个月没有任何消息反而让她不安起来，沈熠尘，应该不是被她一巴掌呼跑了吧。

  大半个暑假过后，黎初安终于在去兼职的路上碰到了久未谋面的沈公子。黎初安莫名觉得紧张，沈熠尘神秘兮兮地让黎初安闭上眼睛，"你再敢不说一声就吻我信不信我揍你？"

  "知道了知道了，黎初安你赶紧把眼睛闭上！"

  觉得胸口有什么东西轻轻地坠在上面，黎初安眼睛一睁，看着脖子前的铂金项链，直觉就是赶紧摘下来。

  "你想干吗，我大半个月不眠不休跟人家做软件赚来的，怎么你还不要？"

  "太贵重了！"

"黎初安，我知道以后别人也许会送你更好更贵的礼物，但这是我用自己的双手挣来的，目前为止，我能送你的最好的礼物。所以不要摘，好吗？"

黎初安看着突然温柔起来的沈熠尘，巷口的风温柔地吹过，沈熠尘轻轻地吻了她，黎初安闭上眼睛，心想，这下完了。

别说沈公子平日里吊儿郎当，谈起恋爱来却真正用心，两人的相处模式还是吵吵闹闹，可正是他叽叽歪歪话多得不得了，让黎初安觉得人生多了许多乐趣，一物降一物吧，缘分这东西还真的挺奇妙。异地有好处也有坏处，好的是双方可以有极大的自由做自己想做的事情，参与想参与的活动，坏的是见面时间太少。沈熠尘继承在高中的风采，一到大学就荣登系草这一宝座，身边一票女生跟着，他脑子里想的都是黎初安，黎初安这个笨蛋，不知道有没有按时吃饭，黎初安这个笨蛋，竟然和别的男生去吃饭，聚餐又怎样，有什么好聚的。黎初安通常对沈公子的别扭和唠叨表示无语，满头黑线也没辙。好在两人情比金坚，大学四年的异地恋坚持下来毫无压力。

毕业后，沈熠尘帮黎初安收拾行李，带着黎初安回到家乡。沈父早就知道儿子谈了恋爱，一直想见，暗自计划着两人结婚的婚期。沈熠尘先是去黎家见了黎母，两家约好一起吃顿饭。黎母打扮了一番，走到半路，原本好好的天气突然打起了雷，不一会儿天色就变得昏暗，预示着一场大暴雨的到来。黎初安和母亲打车到了酒店，沈熠尘和他父亲已经坐定，见她们到了，沈父笑着站起来，可是笑容僵在了半空，黎母的表情冷漠得让黎初安畏惧。

大雨倾盆，黎初安被母亲拖在雨地里。"你还真长本事，喜欢什么人不好偏偏喜欢上沈临风的儿子，你知不知道就是他害死了你爸，我让你跟他谈，让你跟他谈！"母亲的哭声伴随着轰隆隆的雷声。黎初安一下子瘫倒在地上，任凭母亲将手中的包一次次地砸向自己。

她不记得自己是如何走向沈熠尘的，她只知道，她坚定地将项链扯了下来，一字一句说得无比清晰："沈熠尘，我这辈子都不想再见到你！"之后便断了一切有关他的联系，黎初安本来以为沈熠尘是她原本灰暗的人生里唯一的光芒，却不承想这光芒成了她的致命一击。那天后，黎母不再对黎初安说过一句话，黎初安自知没脸见母亲，收拾行李辗转几个城市，最终在上海落脚。她知道自己为何选择这个城市，沈熠尘曾在这里生活过四年，就算她注定不能和他一起，那么能够体验他曾经的生活，也是好的。

冬日的阳光果然温暖，黎初安窝在沙发上睡着了，做的梦大多与一个少年有关。黎初安醒了之后看到手机有一个未接来电，回拨了过去。

"你好，我是黎初安。"

"你昨晚没事吧！"再熟悉不过的声音，黎初安握着电话哑着嗓子说不出话来。

"有在听吗？"

"没事，我提前回来了。"

"那就好,我在上海,有空聚聚?"

"嗯。"

"择日不如撞日,今天如何?"

黎初安惊得说不出话来,不确定地重新问了一遍。

"就今天吧,我在你家楼下。"

黎初安跑到阳台上,果然看到了微笑打电话的某人,急忙拉上窗帘换了衣服。

久别重逢后再见到沈熠尘,黎初安觉得有些恍惚。

"你在上海工作?"

"不是,在北京,刚好来上海出差。"

"我以为你会回家乡呢!"

"我以为你会在北京。"黎初安有些语塞,两人不咸不淡地吃了饭。

沈熠尘当晚就坐飞机回了北京,临走前交给黎初安一个包裹,叮嘱她等他走了之后再拆。黎初安坐在机场,跟工作人员要了一个剪刀,拆了包裹,瞬间模糊了视线。里面有一条项链,一把钥匙,一个戒指,一张合照,一封信还有九块钱。打开信封,沈熠尘的字迹端正。

"初安,这条项链是当年我能给你最好的,这个戒指是现在我能给你最好的,房子我买好了,钥匙给你了,丈母娘也认可了我,我走完了99步,所以你要不要走这最后一步?"

黎初安看着眼前人潮涌动,路人看她哭着哭着又笑了,只有她自己知道,她等了多年的幸福,终于呼啸而至。

往事蔚曦

作者：一水间

不过晚上她做了个奇怪的梦，
梦见很久之前自己和母亲待过的小镇上，
下雨了，她没带伞，有个小男孩固执地递给她一把伞。
可惜那个小男孩面容模糊，隔着雨帘，她始终看不清。

"不要再跟着我了，下雨了你快回去吧。"林蔚曦无奈地看着那个一直跟着自己的男孩子，可是那男孩子好像根本没有听见她的话一样，还是固执地跟在了她的后面。

林蔚曦无奈地叹了口气，接过小男孩递给她的雨伞，"现在伞给了我，那你怎么办？"那男孩子见她终于接过自己的伞，开心地挠了挠头。刚要咧开嘴笑后又想到了什么，急忙捂住自己的嘴巴，然后迅速地跑开,他怕自己恐怖的尊荣——那张快要撕裂到耳根的"血盆大口"吓到她。

他是个畸形儿。

因为自出生脸部畸形在出生几个月后被亲生父母抛弃,后是一个拾荒的老婆婆在一堆废弃的易拉罐酒瓶中捡到了他。后来他听阿婆说,阿婆自己当时看到这个婴儿时也是吓了一跳,因为她从没见过一个人的嘴有那么大,竟然都快齐到了耳根。

可是见这个婴儿躺在一堆易拉罐酒瓶中,不哭也不闹。大约也是知道自己被家人丢弃,哭闹也是无济于事,于是他就静静地躺在那里,转动着一双水灵灵的大眼睛无辜地看着来来往往的过路人。在那一刻,秦阿婆的心像是被什么触动一般,她鬼使神差地扔掉了收集了一天的汽水瓶子,抱起了那个躺在垃圾堆中的小孩子。

秦阿婆也是一个人,平日里就靠着街坊邻居的好心救济,加上自己捡些废品去卖来维持生活。不过新添了一个他后,生活倒是也没有太过于拮据,至少还能每天吃上饭,不至于饥一顿饱一顿。加上他很乖,平日里从不哭闹,不用喝奶粉,阿婆用筷子沾着粥汤喂他也能喝得很开心。

因为是在一堆酒瓶中发现的他,所以阿婆就给他取名秦小瓶。

出去捡垃圾的时候秦阿婆就用一堆破布结成的简易摇篮兜着他,然后背在自己身上。久而久之,秦小瓶长到了三四岁会走路时,竟然能够迈着小细腿无师自通地跟着秦阿婆后面捡酒瓶子。

他们住在一个叫桂榆的偏僻小镇上，小镇上的人们虽然对秦阿婆很同情，会时不时地接济她一下，可是对于秦阿婆收养的这个孩子，却没有办法像对待秦阿婆一样的友好。虽然有些人表面上也会说"小瓶子真懂事，都能帮阿婆捡瓶子卖钱了呢"之类的话，可是在回到家后却会像预防病毒一样地告诫自己的小孩，不要和捡破烂的秦阿婆家那个丑八怪玩耍。有时小孩要是好奇地问大人一句"为什么啊？"大人会恶狠狠地吓唬他们说："和他玩，那你的嘴巴也会像他那样烂掉！"

小孩子总是对大人的话深信不疑，他们很怕自己的嘴巴烂掉，至此桂榆镇上没有任何小孩子和他玩。可是，不和他玩，不代表不和他说话，以及捉弄他欺负他。

都说孩子是天使，可是你见过用小石子或者是玻璃碴子砸人的小天使么？你见过成群结队地往另一个孩子身上吐口水以及泼烂泥的小天使么？你见过在你以为好心给你喝饮料而实际上却是灌上自己尿液的小天使么？我们都以为小孩子都是天真善良的，可是很少有人发现隐藏在天真善良背后的残忍可怕。

从4岁到8岁的秦小瓶就一直生活在这种水深火热的情况中，并且默默地忍受着不反抗，因为他知道自己反抗是没有用的，更何况，与被欺负相比，他更害怕被人彻底地漠视。他原以为这种情况会伴随他一生直至死去，可是8岁那年，林蔚曦的出现却让他看到了生命中的第二道希望曙光。

林蔚曦不是桂榆小镇的本地人，2004年的那个暑假，她跟自己的母亲，一个穿着浅蓝色方格纹旗袍的女人来到了这个小镇上。

她们的到来在小镇上激起了不小的水花。因为桂榆小镇的大人们从来没有见过像林芙衣一样美丽的女人。她和镇上其他的女人不一样，她有无数件美丽的衣裙，不是旗袍便是做工别致的连衣裙。她有一头乌黑亮丽的长长卷发，上面不是扎着鲜艳精致的缎带就是戴着镶着水晶或是宝石的发箍。她有时化妆，有时不化妆，可就算不化妆也是美艳不可方物，小镇上的女人看到她都羡慕得不得了，而小镇上的男人见了她通常都会忘记自己正在做什么。

而小孩子们则是更关注这个像小仙女一样的林蔚曦。她不光长得漂亮，还会弹钢琴，跳芭蕾舞，写毛笔字还有国画。她就像童话书上描绘的小公主一样，气质高贵，举止优雅。

桂榆小镇上所有的小孩子都盼望着能和林蔚曦一起玩耍，甚至于因为林蔚曦，常年招生不满的桂榆小学在那个暑假过后，前来报名的学员一下子超出了预计总数的三分之一。常年不苟言笑的老校长在看到林蔚曦时竟然破天荒地露出了八颗牙齿的笑容。

秦小瓶和镇上其他小孩子一样，毫无疑问也喜欢这个美丽优雅的小姑娘。只是因为知道自己天生脸部丑陋，以及内心长此以往的自卑让他不敢靠近林蔚曦。他今年8岁，早已到了上学的年龄，他也很想和其他镇上的小孩子一样上学，但是却明白家中经济拮据根本就容不得他做这个读书梦。至多也只是每次在小学里捡瓶子时偷偷地伏在教室边的墙上听上几句，然后暗暗地记在心里。

让他和林蔚曦真正有交集的是因为一瓶牛奶。

像往日一样,他每天早晨起来去小镇上各处捡瓶子,看到每家每户的垃圾也顺带清理带走扔掉。走到林蔚曦妈妈开的那家服装店时,下意识地朝里面看了下,恰好这时林蔚曦从屋子里走出来,看见了他。

"嗨,你早啊!"林蔚曦朝他挥了挥手。

身体的第一反应告诉自己应该要立刻逃走,可是有种莫名的情绪却控制住了自己,他拎着那些沉重的玻璃瓶子傻傻地站在那里,无措地看着站在门外伸懒腰的林蔚曦。后来他突然反应过来捂住了自己的嘴巴,生怕吓着了她。

看见她,他很开心,可是却不敢笑,他怕自己丑陋的面容会吓着她。

可是林蔚曦却全然不在意,还笑眯眯地向他走来,"你比我要勤劳好多唉,我早上都起不来。"

他忽然注意到她右手上拿着的一瓶奶白色的液体,意识到原来她早起是为了拿奶箱里的新鲜牛奶。他看着自己手上拎着的一大堆的玻璃瓶子,突然有些难过。早晨他为了能够多捡几个空瓶子起得很早,阿婆根本没有时间为他煮早饭,此刻牛奶的醇香味仿佛穿透了透明的玻璃瓶子,朝他扑面而来。

"你吃早饭了吗?"他诚实地摇了摇头。约莫是他那憨厚无措的样子逗乐了穿绿纱裙的小女孩,于是林蔚曦做了一个令人意想不到的举动。

她快步上前,迅速地将手中的牛奶放在他手里,"不吃早饭会对身体里面的肠胃不好哦!"他还没来得及将手中的牛奶还给对方,林蔚曦就朝他眨了眨眼皮一溜烟地跑进了房子里。

整个事情发生得太突然,以至于他还没来得及回过神去细细品味这份来之不易的温暖。

他知道自己面容丑陋,镇上的小孩要不是避他如细菌毒素,要不就是以捉弄欺辱他为乐,可是她竟然没有,甚至于她还毫不吝啬地给了自己一个甜美的笑容和一瓶温热的牛奶。

那是他自秦阿婆后得到的第二份温暖,抱着那瓶还带有余温的新鲜牛奶,他忽然泪流不止。毕竟,就算再能忍再早熟,他到底也只有8岁,是个仍然从心底渴望温暖与关怀的小孩。

自那以后,他就像个跟屁虫一样跟着林蔚曦,当然,他不敢光明正大地跟着,只敢悄悄地躲在她上学的小路上。偶尔捡垃圾时发现一些有趣的小玩意儿也会像献宝一样偷偷地放在林蔚曦的家门口,等待她早晨出来拿牛奶时发现它们。

林蔚曦上课的时候,他就悄悄地伏在她所在的教室的墙角,一边听课一边等着她下课放学。有时候遇上下雨天,如果发现早晨她没有带伞的话,那么他就中途跑回家去拿伞然后等她放学时在人少的地方递给她。虽然她会推辞,可是最后却总会无奈地收下然后关心地问他没有伞怎么办?她甚至提议过两人可以共撑一把伞走到分叉口,可是他总是在她撑开伞时迅速地跑开,一头扎进人堆里。

就这样,林蔚曦成了他童年时代最美好的一个梦境,就如她的名字一样，她的出现就是他天空中的一束微光。

只是好景不长，在他14岁那年，将他捡回来并且照顾养护他的秦阿婆因病老去，自此他成了彻头彻尾的孤儿。小镇上也开始发生了翻天覆地的变化，至少他很难再靠捡瓶子来维持生活，因为小镇上有了专门的环保清洁工人。

桂榆小镇上的老房子基本也被拆迁，秦阿婆所住的那间小破屋也被拆迁了，可是秦小瓶并没有得到任何的补助，因为他不是本地人，没有本地户口，甚至没有人能证明他不是一个流浪汉。当年小镇上的人已经陆续搬走，大部分到了城里安家立业。

林蔚曦和她妈妈也是，甚至于她们更早，在林蔚曦读完小学考上初中的时候她们就搬走了。

她们上了一辆黑色的小轿车，坐在轿车里的林蔚曦拼命地向他摆手，他追不上轿车，只好看着那辆载着他公主的车子越走越远，然后成为一个小黑点，最后不见。

2013年，和新婚丈夫一起去香港度蜜月的林蔚曦在微博上晒了几张图片，图片的信息定位是在一个名叫"丑趣"的马戏团。其中有张图片里面一个穿着斑点服装画着夸张笑容的小丑正对着镜头配合着咧嘴大笑，底下评论不少，大部分都关注到了小丑那夸张得快咧到耳后根的笑容，不少人觉得化妆技术高超真实到令人毛骨悚然。林蔚曦注意到在众多评论中有一条上面写着："有没有人发现这个小丑的眼睛好漂亮，如果忽略掉嘴巴，只看着这双眼睛我都快陷进去了呢！"

仿佛被什么蛊惑一般，林蔚曦伸出右手遮住屏幕上小丑的嘴巴，看着那双眼睛竟然出现了一种熟悉的感觉，她拼命地搜刮脑海里的记忆却是无功而返。

不过晚上她做了个奇怪的梦，梦见很久之前自己和母亲待过的小镇上，下雨了，她没带伞，有个小男孩固执地递给她一把伞。可惜那个小男孩面容模糊，隔着雨帘，她始终看不清。

这个冬日的傍晚——致 L

作者：江晓英

她猛地转头，却发现，
一位女子的眼泪顺着玻璃窗的沿静静地滑下，
那是谁的眼，迷糊了这即将来临的冬至夜幕，
一阵晚风猎猎地追着一片儿叶子，向东也向西，
步子那么得凌乱，打乱了一条回家的路，路上行人稀疏渐少，
只有远方的灯簇闪闪地一朵朵在亮。

茶有些凉了，杯子在手里没有半分的温度，外延有一圈缠枝的青花，她最爱这古朴典雅的韵色，很美，淡淡的，有沉静在呼吸，里间诚实地开着一朵朵"飘雪"。

习惯坐在这橱窗的一隅，两面可观外面的世界，对峙的有机玻璃

窗，左斜对面的蛋糕铺子这个时候最热闹，匆匆买牛奶的女子，拎着食品袋的老人，小情侣手上冒着的牛奶热气，总算有些暖在张扬地一阵阵袅起……在这个江城，因为气候的温湿和水源的充沛，每个人都似有灵气，她也不例外，他曾说："女人美不美，在于一'汪水'，你的眼睛最美，我一直喜欢。"记得，这话是好些年前了，遥远，有时却近得又像跟眼前似的清晰、温暖，也就是这样的冬日，这样的一个冷冷的下午，他们在注定的时间注定遇见了。

"L"，这是她对他的称谓。他姓氏笔画里移出的一个字母代表，她说，转角便是你，我是"竖"，你一定是那"横"了，合纵、连横，如此便不相忘。他笑她是健忘的女人，这样的女人，好，也不好。于是，生气的她罚他为她买了一杯香草的冰激凌，大声说："L，记住了，我最爱这味，有你的味道啊！"

那一年"L"大一，是警官学校的一名新生，贵州苗寨出来的男孩子，有着黝黑的脸庞，鼻梁削挺，眼风狭长笑意满满，她老说他是个"小蛮子"，皮厚得不长心思个头却见风地拔，他"嘿嘿"地低下头傻笑着，什么也不说。她却来劲了："L，你就是咱的最好秧苗，给你一滴露，你就'噌噌'地蹿啊蹿，送你一个太阳，你比三月春风还得意扬扬呢！"他继续笑，笑得她手上多了一杯香草冰激凌才肯罢手。

他说："毕业后，我们一同回苗乡吧，那儿很美，山水都如你这般的亮色，人面桃花，你说是它美，还是你更美？"

"是你想得美！"她微翘起弧线，假装生气了。

作为这个城市土生土长的"宠儿",父母给予她的希望,优越的家庭环境,她只需从医学院毕业便能从容地跨进医院的大门,她能真自如地随他去吗?她即使千个愿意万个点头,家人会放手吗?她知道这个难度,她不能如此不负责任地敷衍他。诚实对于爱情来说,是最滋养的甘露,只有经它的润泽,他们才能走远,走得好好的。她会努力放手搏一搏,会悄悄地为他们争取一个靓丽的未来,或许,他可以或者愿意留下,她和他一起一定会创造出一个明堂的明天,她觉得是,就是!埋藏心里的小算盘,犹如这夜里含苞待放的蔷薇有暗香浮来。

每个冬至,是她和他最盼望的日子,她的生日,他们都会去撮一顿小火锅,他说,给不了你最好的,就给你一份火辣辣的麻辣烫,专门降服"辣媳妇"的。她大笑,说:"我就是川妹子,辣好,极好极好的,要想爱情鲜,咱就到'五味轩',以后我年年都要这味儿了。"

他道:"一定!"

第三年,她到一家省级医院开始实习了。他还依旧跑跑跳跳的,警官学校纪律严明,经锻炼打造过的他,身板子更硬朗,意气风发,他说:"以后有什么样的暴徒、歹徒,都注定是我的手下败将。"她笑他胡吹,有一天一定会顶破天不补的。他说总有一天你会看到我漂亮的"燕子转身",矫健而潇洒,会迷倒一排排的女警官,她哼哼几声,踏上了去省城的大巴车。他不舍地跑向窗口,大声吼道:"5月我去看你,等我!"

冬日的玻璃窗很澄净,亮亮地透明,视野一览无余,大街上有熙熙攘攘的人群，男男女女、老老少少的人头攒动，只是独少了一个熟悉的身影……她猛地转头，却发现，一位女子的眼泪顺着玻璃窗的沿静静地滑下，那是谁的眼，迷糊了这即将来临的冬至夜幕，一阵晚风猎猎地追着一片儿叶子，向东也向西，步子那么凌乱，打乱了一条回家的路，路上行人稀疏渐少，只有远方的灯簇闪闪地一朵朵在亮。

手机里，那天的短信依旧默默地说着：

我担心你！手机有了信号赶紧给我来电，或者短信也行。我现在正往汶川方向赶，怕收不到了。我会好好的，你也好好的，明年三月初八我带你去看苗寨的篝火节，我会唱一支云天上的歌给你，你一定喜欢！骏洛。2008年5月13日。

这个冬日的暮色下，一个女子的桃粉色丝巾在风中卷卷地扬起。

PART 2

让自己迎向阳光

向暖而生

阿禾有点惊讶，多少个日子，她是靠着静静的话走过那些灰色的日夜，静静竟然忘记了？"就是我最痛苦的那些日子里，你对我的鼓励啊？""哦，我记不住了。我当时瞧着你，感觉是你让我说的那些话，我从未放在心上过。或许，支撑你的，是你自己吧。"霓虹灯下，静静高挑的身影变幻着，拉长，缩短。

——伊达公主

你的每一滴眼泪,都将比珍珠璀璨

作者:亭后西栗

当你流尽眼泪,当一切似乎都不再有意义,
那个美好的惊喜,却在不离不弃的温暖中,扑面而来。

校际书画比赛的成绩一经公布,小慢就成了学校的公众人物。

业余组油画一等奖。

对于一个相貌一般成绩平平名不见经传的女生来说,这样的荣誉已经足够。

这意味着,她可以在全校师生的关注下,走上讲台,领受那奖杯、奖状,而她的作品,除了在颁奖时会在多媒体屏幕上展示,还会在学校的文化走廊里展览整个学期。

小慢想也不曾想过,那次兴趣课上,在她暗恋的油画系老师的指导下，她绘出的火红玫瑰，竟能拔得头筹。

这样的荣誉和运气，让身边很多朋友咂舌。

"小慢，你干脆跟着你那个男神老师学油画去好啦！"很多人这样说。

小慢总是腼腆一笑："我没那天分的。"

当小慢刚刚适应成为一个公众人物，她却摇身一变，成了学校的焦点人物。

那是在大赛的颁奖典礼上，当白色的小慢在掌声中走上领奖台，伸出双手接过奖杯时，她用余光看到，背后的大屏幕上，是一片火热的红色。

在她拿住奖状，刚要转身向观众致意时，一个白色的人影站了起来。

"等一等！"清脆的声音响彻在人声嗡嗡的礼堂，仿佛教堂婚礼的反对者，从门口踏着红毯走到圣坛前。

那白色的女子也走到台前。

"校长，她是冒领的！那不是她的画，是我的！"

两袭白色的身影，一个在台上容光焕发地捧着奖杯，一个在台下咄咄逼人地指向奖杯。

台上的校长、评委和老师都有些愣。

"嗡"的一声，小慢的头炸开了。

怎么可能，她没有。

小慢摇着头，回头看向屏幕。

屏幕里，已经从作品换成了获奖者介绍。

"2008级艺术研究B03班 林慢慢。"

于是,这个名字,转眼成了全校的谈资。

有人说她为露一脸不择手段,有人笑她偷谁的画不好,非要去偷校董女儿的画,甚至有人翻出小慢暗恋油画老师的心思,猜测小慢是受了老师的"恩惠",才蒙混过关骗到奖项。

小慢将自己关在寝室里,不去上课,不去吃饭,整天一句话也不说。

几天前还叽叽喳喳说个不停的室友,都躲着小慢,仿佛她是个怪物。

虽然一百个不情愿,但小慢必须配合组委会的调查,当她走入校办大楼时,正和一个女生擦肩而过。

"自己不想好还要拖别人下水!害得别人的奖项都没了!"那女孩恶狠狠地说着。

小慢低下头,脚步匆匆地走向楼梯。

那天的颁奖典礼,因为这场指认,临时撤销了业余组油画类的所有奖项,她会被人怨恨,也是理所当然。

"林慢慢,这是你的画吗?"组委会的老师递过一张照片,上面是那幅火红色的玫瑰。

"是我的。"小慢拿在手里,认真地看着。

"你怎么证明是你的?"

"我?这里有我的名字啊!"小慢指指照片中画面的右下角。

那里确实有她的名字,藏在绿叶之下,一个小小的"慢"字。

不料,几位老师面面相觑地看看彼此,脸上有些茫然。

"这样,你先回去,等我们再通知你。"

小慢魂眼泪当场夺眶而出,她哽咽起来:"老师,那真的是我的画,你们要相信我。"

"我们相信你,你先回去吧。"

小慢魂不守舍地拖着步子走回宿舍,却发现那个让她脸红的油画系老师正站在楼下。

"老师好。"小慢低声说。

"你回来得正好,我刚才找你,宿管说你不在,走吧,带你出去散散心。"

"陆老师,我不想去。"

平时在陆老师面前连大气也不敢出的小慢,不知哪里来的勇气,转身向宿舍大门走去。

"我要跟你聊聊那幅油画。"

小慢转过头,木然说:"没什么可聊的,我能说得很少。"

"我相信你。"

小慢看着她那帅气的油画系老师,哭了起来。

"你哭完了吗?"陆同问。

他们已经在远离学校的咖啡厅里坐了整整一个小时,小慢却还在抽噎。

"谢谢老师,开了这么远,把我从学校带出来。"

"今天组委会找你了吗?"

"嗯。"小慢擦着眼泪，点点头，"陆老师，他们为什么不让校董的女儿再好好看看。"

"小慢，如果你是组委会，这个要求你怎么跟校董说？"

小慢低下头。

"可是，那也不是我的责任。"

"会弄清楚的。"

"我的画上有我的名字'慢'。"

"可是校董的女儿也叫'慢'。"陆同说。

小慢的眼泪唰地流下来。

她终于明白，为什么组委会的老师们会面面相觑，因为她留在画上的记号，根本不能称为记号。

"但是，你无论如何要记得，不管别人怎么说，你要努力地微笑着走下去，你现在的眼泪，迟早会变成你的财富。"陆同将一杯奶茶摆到小慢眼前，慢慢说。

小慢点点头，在明媚的阳光下，擦掉了眼泪。

之后，她恢复了正常的生活，只是拒绝去听关于奖项的任何消息。

她不想再去追究什么结局，一路的时光不忍辜负，她要向着温暖，用力生长。

文化走廊的画展，在各种猜测和议论声中如期举办。

而业余组油画一等奖的挂板上却是空的。

那张空空的装饰板材，成了学生们涂鸦的留言板。

"林慢慢不要脸。"

"力挺林慢慢。"

"冯心慢加油!"

"冯公主秒杀林小慢。"

"作为一级机构和地方组织,学校的办事效率太低!我们要说法。"

"大三帅学长找女友,电话158********"

保洁的阿姨每天都要擦好几次,可是这些评论还是如雨后春笋般疯长。

终于,在一个傍晚,一张开满美丽火红玫瑰花的油画挡住了这方凌乱的留言板。

画的右下角,写着一个小小的"慢",却没有声明,这是谁的画。

虽然当时一天的展览已经快要结束,还是有好事的学生拍下了这张油画。

不到半小时的时间,这个消息传遍了整个校园。

"小慢,小慢,业余组一等奖的画终于评出来了!"室友推醒了躺在上铺的小慢。

"和我没关系。"小慢翻过身看看室友,又转身继续睡。

第二天一早,食堂剩下的早饭比平时多了一倍,因为很多人都赶到文化走廊去看热闹。

陆同在众人的注视下,拿着一方小小的白色标签走到画前,将标签贴在画面右下角,刚好盖住了那个小小的"慢"字。

有人在窃窃私语。

"看见了吗?这就是那个绯闻老师,是不是很帅?"

"那天我看见,林慢慢坐着他的车,两个人一起出了校园。"

"约会吗?"有人吃吃地笑起来。

陆同仿佛没有听见,贴好标签便转身离开了。

他的身后,呼啦一下一群人围了上去。

只见那方标签上写着:"业余组油画一等奖《爱的玫瑰花》 作者:2008级艺术研究B03班 林慢慢"。

众人唏嘘着,猜测着种种可能,各怀心事地散了。

小慢依旧麻木地去上课,听着她喜欢的"300年油画沿革与风格变迁"。

忽然,一个纸团落在面前。

小慢连看都没看一眼,她知道,里面一定写满刻毒的讽刺和凶恶的咒骂。

不一会儿,又是一个。

当面前的纸团攒够了十个,当老教授也看向小慢时,小慢偷偷叹了口气,随便捡起一个纸团打开了。

"小慢,每一颗珍珠都裹满贝母的眼泪,你的每一滴眼泪,都是璀璨的珍珠。做我女朋友好吗?我注意你很久了,我就在你后面,蓝色衣服。"

小慢下意识地回头看去,身后,一个俊朗的男生正向她微笑。

"我现在不想谈恋爱,对不起,请你另找别人吧。"小慢走在回宿舍的路上,后面跟着那个蓝衣服的男生。

"小慢,文化走廊里展出了你的画,你知道吗?"

小慢站住了。

风从背后吹过来,她闻到男生身上温暖的气息。

"不知道。"小慢说。

"那还不去看,今天是最后一天了!现在去还来得及!"

男生不由分说拖着小慢向不远处的图书馆走去。

小慢想抽回手臂,想转身离开,可是,那种渴望关怀与信任,渴望揭开真相的心思,却推着她跟在男生身后,一步步走向图书馆。

那是她的画。

小慢一眼便认出,那是她爱的玫瑰花。

白色的冯心慢正立在画前。

她转过头,看向近在咫尺的小慢。

"林慢慢?"

小慢感到,抓着她的那只温暖的手,用力地握紧她。

她勇敢地点点头,回答:"是我。"

"组委会展示获奖作品时用错了照片,这确实不是我的画,你的这幅画,比我的好得多。"

"谢谢。"小慢微笑着说。

"对不起,误会了你。"

看着冯心慢女神般高傲的背影走远，林慢慢转头看向自己那幅画。

她感到，一个温热的怀抱从后面揽住自己：

"小慢，做我女朋友好吗？我很喜欢你。"

"好。"

看着那片火红的玫瑰，小慢眼中含笑的光彩，柔软而温暖。

当泪珠在胸前被温暖地晒成一颗颗饱满的珍珠，你的美丽，就会在光影的折射中，点亮这世间所有的昏暗。

当你流尽眼泪，当一切似乎都不再有意义，那个美好的惊喜，却在不离不弃的温暖中，扑面而来。

我们无法预知，自己会在何时何地流下不明就里的眼泪，但我们的每一滴眼泪，注定会让我们更加温暖地成长，更加耀眼地绚烂。

离开的不必怀念，是你的终会停留

作者：马骅

明天我就会站在你的面前。

我想了很久，我曾经爱过浓烈并且沉醉其间，

却不懂得淡雅也有仪态万方，并且更加长久。

我明白了，离开你的不必怀念，是你的终会停留。

我想，那个停留下来的人，是你，也是我。

那天午休时，我拨通了艾叶的电话："情报处长同志，敝人下午要到贵所开会，晚上计划前往贵府饱餐一顿，许久未曾点评阁下的手艺了。"

艾叶在电话那头"咯咯"笑了几声，讽刺道："贵客啊，贵客！蓬荜生辉！"

艾叶和我说起来算是一个行业的。她是机械研究所情报室的行业情报分析员,后来情报室更名为信息处,但我还是喜欢开玩笑叫她情报处长,这是跟谍战片学来的。

因为工作关系,我这个机械工程师和艾叶常打交道。每逢新产品开放、技术革新,我都会到她那里寻求专业资料上的帮助,有时也会给他们的专业内刊投稿,一来二去也就熟悉了,又因为互相帮忙过几件私事,后来成了很好的朋友。

下午开完会,5点钟还没到,我给艾叶发了条短信,自己先去附近的超市买点菜,她只要负责烧就可以了。

在超市,我一边买菜一边想,艾叶怎么这么喜欢倒腾吃的呢?第一次尝到艾叶的手艺时,我说:"你要是胸怀到我们公司食堂做大厨的理想,我可以帮着说说。"艾叶"切"的一声笑了,能感觉到被这样侧面夸奖,她还是蛮受用的。

有一次吃着饭,我问艾叶:"你平常一个人也这么复杂地伺候自己的嘴巴,不嫌烦吗?很多吃货不都是上街买着吃吗?"艾叶不屑地摇头:"那算不上真正的吃货,真正的吃货一定要有自己的手艺,其实烧菜的过程也是一种享受。"我说:"我怎么觉得只有吃才是享受呢?前面的都是时间成本而已。"

艾叶撇了一下嘴:"我问你,咱们现在上班为了什么?"我回答:"为了将来美好的生活!"艾叶说:"尽说大的,其实就是为了衣食住行、生老病死。你看,这食占了一份吧?趁着年轻,牙好胃口好不去享受，非得等功成名就天天去高档饭店，还不知猴年马月呢，这和你的努力目标不是背道而驰吗？"我说："毕竟是搞情报的，逻辑不错。"

艾叶又问我一日三餐怎么解决的，我告诉她基本上就是在单位食堂解决，但是几千人的公司，虽然有两大一小三个食堂，但饭菜的味道确实不能和自己做的比。

"我那儿离你这儿挺远的，要不真可以在你这儿搭伙。"我说。

艾叶说："偶尔蹭饭可以，搭伙是每天的事情，孤男寡女，名不正言不顺。"

我长叹一口气说："看来只有你未来的老公，才有这样的口福啊。"我后来也想过，要是做艾叶的老公，生活上倒真是有很多享受。除了吃喝，她弄些花花草草，奇奇怪怪的饰物把自己的小窝弄得很有生活气息。可是婚姻这东西，也不能以生活能力为标准，最终走到一起还得看感情。有一次在街上，被人误认为是情侣以后，我思考过对艾叶是什么样的感情，喜欢是肯定有的，能谈到一起也是真的，但应该还没到恋人的份儿上，我自己都不确定究竟爱的是哪种类型的姑娘。

艾叶下班后，折腾了一个小时，三菜一汤终于摆上桌子。我拿出从超市买的一瓶红酒，艾叶说："酒后乱性啊，大哥！"我说："你开玩笑可真够大大方方的，要真乱性了，我肯定负责到底。"

过了一会儿，艾叶盯着我，但是又小心地问："下个礼拜六彭晓的婚礼你去吗？"我不大高兴地说："真是拜托你替我收下她的请柬，她怎么就不能大大方方地亲自交给我呢？"

"人家肯定是顾及你的感受啊，这样礼节也做到了，你如果不去也避免了当面拒绝的尴尬。彭晓还是一个心思细密的人哪！你去不去？"

"不太想去，也不是什么让自己高兴的事情。"

艾叶说："那你还是没放下啊，你们都分开三年了，你这心胸也太那个了。"

我说："哪个了？不去是我的本分，去是我的情分，不对，也没什么情分了。"

艾叶哈哈笑起来，停下来以后说："还是去吧，咱俩一块儿，你也不孤单，没人会看你的笑话，反而会觉得你大气。唉，我也不明白，你俩原来不是挺好的吗，怎么就分开了？你们都没说，我也没好意思问。"

我咽下一口酒说："想法不同。跟她相比，我就是一个没想法的人。她有明确的奋斗目标，就是做成功人士。她跟我说，像我这样的工程师，尤其是制造业的，在这个时代要获得成功几乎没有可能，她希望我去创业。我搞机械设计，真是我的兴趣和爱好，用热爱来形容不为过。你知道吗？小时候爸爸给我买的第一辆玩具汽车就让我着了迷着了魔，再大些，后来买的玩具车我都能拆了，还能原样地装起来。现在参与设计一个新产品，虽然我只负责其中一部分，但从无到有，然后下车间时被人表扬加工工艺性很好，那种爽快的心情，或者说成就感吧，只有我自己能知道。如果我去创业，能干什么，关键是喜欢干什么？哪怕我有钱开一个汽车制造公司，我还得去干设计，我觉得我人就在那儿才对。所以我和彭晓为这个事情总是吵架，谁都说服不了谁，分手也是必然的。我也想明白了，我们以前不是没有感情，可是这样的感情走不远，走不到头。"

我说完以后，艾叶看了我一会儿说："你也不是没想法啊，你能知道自己是谁，并且坚持下来，这不就是想法嘛！为这个，干一杯！"

碰杯之后，艾叶说："人有不同的想法很正常，其实每种想法呢，都能有自己的生活，幸福也没有谁高谁低。不同想法的人，也不应该成为敌人，所以我说呀，婚礼你还是去吧，可能你过了这一关，就全放下了，下一个好姑娘正等着你呢。"

彭晓的婚礼我最终还是去了。彭晓依然非常漂亮，待人接物在自信中得体周到，颇具风采。看着这样一个光彩照人的人，我想，我当初爱的就是她的出众吧。可今天的婚礼，标志着我们之间所有的可能都终结了。这三年，我确实放下她了吗？我自己都不知道，也许没有吧，要不我怎么再也没有恋爱的欲望了呢？想到这里，不禁心下黯然。

与门口的新郎新娘合影后，我和艾叶找了一张靠边的桌子坐了下来。当新郎新娘在《婚礼进行曲》中从 T 台上走过，我心头涌上一阵难过，把头低了下来，呆呆地盯着桌子上的盘子。艾叶在桌底握了握我的手，我也反握了一下，表示对她的安慰的回应。

婚宴结束后，我们和在门口送客的新郎新娘道别，彭晓对我说："和你单独说句话。"我俩走到边上，她说道："谢谢你来。其余的不说了，就是想跟你说，你没有发现其实艾叶是个好姑娘，而且对你也很好吗？回去好好想一想。"

回去的路上，我能看出来艾叶在小心翼翼地照顾我的心情，在她住处的门口，我给她一个微笑，伸出手掌抚摸了一下她额头的刘海，"我没事了，谢谢。"

接下来的两个月，我被外派到外地的分公司参与一个新项目，晚上没事时，就会想起一些事情。在回程前的那个晚上，我拿起手机，想了半天，给艾叶发了一条短信：

"明天我就会站在你的面前。我想了很久，我曾经爱过浓烈并且沉醉其间，却不懂得淡雅也有仪态万方，并且更加长久。我明白了，离开你的不必怀念，是你的终会停留。我想，那个停留下来的人，是你，也是我。"

哭泣过后,也能见到彩虹

作者:宁眸

是的,在悲伤时好好地哭一场,
将痛苦释放后,你会看见新的阳光。
就像天空因为勇敢地接受过风暴的洗礼,
才会出现那道亮丽的彩虹。

在我老家的山里,曾经有个身世可怜的孩子,他的父亲又瘸又哑,他的母亲是个智障人。一年四季,他只有一身衣服可以穿。大冬天的,也只能穿着短过膝盖的单裤。身上的冷都不算什么,让他感到寒心的是同村人对他们家破落境地的嫌弃。同学们回家有人心疼,一年四季有热和的饭菜,而他每次回家还得四处寻找自己的傻子母亲,帮瘸子父亲做农活。那时候还没有九年义务教育,读书是要交学费的。为了能上学,每个星期天他都会去很远的深山里砍柴,背回家卖钱攒学费。因为他家住在街边上,要砍回一捆木柴需要走很远的路。我们当时无法想象,他起个大早,饿着肚子孤单走向深山的样子;也无法想象山高林密,他是怎样胆战心惊地走过有野兽出没的山谷;更无法想象他是怎么将那样一大捆柴从那么陡峭的山崖上背了回来?

一年又一年,他在缺衣少食的煎熬中,在村人和同学异样的目光里考上了县城的重点高中。

县城中学离我们那里有一百多里路,考上后也只能住校。那时候因为普遍条件差的原因,住校需要自己带被子的。他父亲想尽了办法,才均出一床补丁摞补丁的被子来。他交不起伙食费,于是找了一个煤油炉子,每天放学去菜市场捡人家菜农丢掉的烂菜叶子煮着吃。有一次,因为捡几片包菜叶子,被菜农数落,以为他是社会上好吃懒做的混混。他没有向那菜农解释,一边哭着一边悄悄地回到了学校。而那年冬天,一件更为不幸的事发生了。他唯一的那床被子,因为晾晒时不小心掉进了猪圈里,顷刻间,就被圈里的猪撕成了碎片。他抱着被撕成碎片的被子,欲哭无泪。他不知道该如何度过北方那寒冷无比的冬天?更可惜那床父亲想尽办法才弄来的被子啊!他的状况被同宿舍的同学看见,于是高中三年,他就和那同学挤在一张单人床上过了三个冬天。

功夫不负有心人,高中结束,他以优异的成绩考上了中国政法大学。这消息一时间轰动了我们老家的镇子,他成了第一个走出大山的大学生。大家这时候才注意到他的不幸和不平凡,全校师生捐款给他准备学费。

大学毕业时,他因为成绩优异,学校想让他留校的。也许是他想起自己可怜的身世,想起读书路上那些点滴的温暖吧,主动要求分配回老家。

那年我父亲去市里办事,恰巧遇见他。那时候他已经是市纪委的一名领导了,他热情地邀请父亲去他办公室喝茶。父亲感叹他从前努力和勤奋,以及他不同于常人的境遇。他却呵呵一笑说:"是生活逼迫我不得不努力,因为我相信,流过泪后会换来美好的明天!所以再多的苦,我也不怕了!"

是啊,如果他当初没有面对苦难的勇气,如果当时他在苦难面前选择退缩,那么他就得像他的父辈一样,还是乡下的一个普通的农民,也就没有了今天的自己。是的,他用勤奋和坚强改变了自己的命运,也改变了他们家的命运。他用眼泪,搭建起了一座通往梦想的彩虹桥。

父亲每每用他做榜样来教育我们,而我们姊妹几个也非常努力,在学习和生活中遇到困难时,都会想起他面对苦难时努力的事迹。事实上，他已经成了我们全镇孩子的榜样。在他的榜样作用下，从我们的镇上走出了一批又一批的大学生。有的家庭一下子就同时考出去几个，成为我们那穷乡僻壤的一段又一段佳话。

曾经的伤害，你可以笑着面对

作者：伊达公主

站在高处，让微风拂面，把泪吹干。

人这一辈子，谁没有在年轻的时候，爱错过人？

爱上一个恶魔的优点，需要剪去天使的明艳。

但天使，始终是天使，即使跌跌撞撞，也要飞向明天。

坐在火车里，阿禾听着音乐，瞧着不断闪现的风景，她的嘴角微微上扬，心情甚好，总算是要见到静静了。

软卧的票是阿禾提前半个月才抢到的，她喜欢坐火车，前提是软卧。总觉得伴随着铁轨轧过的声音，才真正能诠释出什么才是人在旅行，风景与情，心底慢慢开始含苞欲放。

正在翻着手中书籍，戴着耳塞享受着静谧时光的阿禾还是被打扰了，对面女孩子的声音很大，确切地说是她咆哮的声音打扰到了阿禾。

晴子画着浓厚的妆容，眼泪却已经覆盖了整张面容，即使这样，也丝毫掩盖不了晴子的年轻与貌美，她声嘶力竭地对着手中的电话咒骂着："你个不要脸的男人！我诅咒你和那个小贱人一起出车祸撞死！"

末了，将电话重重地砸在地上，大声尖叫着。

人的成长经历总是充满着包容性和阶段性，童年的我们常常会因为伙伴朋友的只言片语而颓废好久，年轻时的我们会被所谓的情爱折磨得死去活来，而当人生的轨迹朝着深度与长度发展时，我们更渴望的是家人的暖爱。

很显然，此时对面女子的哭泣样子，让阿禾感觉到了如此的似曾相识。阿禾也曾被初恋伤得体无完肤，不过没有所谓的"小三"也没有所谓的异地恋，单纯的只是对方不爱阿禾了，分得坚决。

阿禾对待那份情爱，现在想起来都好痛，在那段岁月里，阿禾的世界只有男友，很多东西，都倾注给了她深爱的男人。

此刻想想，情感的世界里，不存在公平不公平，如果一个圆，只有一方努力地画努力地想要圆满，另一方却始终原地踏步，注定是残缺。

百感心头，阿禾在自己的笔记本上开始练习画圆，一圈又一圈，始终不圆。

"这位姐姐，你可以借给我电话吗？我真的很爱我的男朋友，我不能没有他，我要给他道歉，我不能输给那个贱人！"

晴子几乎在床上哭了一个多小时，肿着双眼，突然直愣愣地盯着阿禾。

阿禾有点怜悯眼前的姑娘，叹息一声，从包包里摸出了手机，还有一包纸巾，放在托盘里，继续埋下头，品味着书籍的淡香。

晴子明显地颤抖了一下，半信半疑地拿起手机，最后还是回头深深凝视了阿禾一眼，"姐姐，你不怕我是骗子吗？"

"不怕。"

"为什么？"

"眼泪谁都可以流，但是痛苦的气息，骗不了人。"

在这个充斥着信任危机的世界里，被始终都埋着头的阿禾感动了一把，濒临崩溃的晴子感受到一根稻草的力量。

"妹子，想听听我的意见吗？"阿禾突然抬起头，笑着唤住了正准备去走廊打电话的晴子。

"嗯。"

"别打。"

"什么？"

"别打电话，别挽留。"阿禾语重心长。

女人就算是说千遍万遍的分手,总会在很多次的奇思妙想时回到男人的怀抱,但是如果男人提出分手了,女人唯一能做的,只有抬起头,骄傲地离开。

积极主动地付出,要用在对的人身上。

阿禾何尝没有积极主动过?在分分合合的死循环中,她做出很多疯狂的事,疯狂到她以后的生命都不可能再出现的行为。她的执着、她的勇敢,确实也感动了男友,两人也曾又靠近在一起。

"你此刻要勇敢地追求你的爱,我不阻拦,但是你要记住,只要你们再次复合,那个男人,绝对不会再珍惜你。因为,男人的征服欲,你给不了了。在爱情的天秤里,你只要低头,就输了。而且,你会连同自尊和所有,都输了。"阿禾始终是微笑着娓娓道来,然后把头一歪,"但,也许有意外,但我至今都没有听说。"

在那段岁月里,是静静支撑着阿禾的,静静是一位很独立很理性的姑娘,她的出现,带给阿禾的不仅仅是友情的支持,更是阿禾两次毁天灭地的情感风浪中的救命稻草。

是的,两次。

第一次失恋,阿禾其实是做好心理准备的,因为她深知在那段情感中她是个失败者,她不快乐,除了爱那个男人,爱得艰辛和痛苦外,竟然找不到一丝的快乐。

第二次的失恋,却如同过山车一般,太过惊险刺激。

走出初恋的阴霾，阿禾花费了很多很多的时间，是在静静一直一直鼓励与宽慰下完成的。她遇见了第二个男友，她被宠爱得上天入地，弥补了第一个男人从未带给她的点滴幸福。

两人甜蜜地邂逅，相互告白，在一起的每个日子，都甜蜜得快要溢出来，可以谱下每个美好的音符乐章，在一起的那些岁月里，阿禾坚信，她的良人，她的归属，便是这个男人。

"然后呢？然后你们还是分手了？那个男人抛弃了姐姐你吗？"晴子点了一根烟，布满怜惜的眼神，在晃动不安的火车震动中，闪烁着。

车突然停下来了，是到了一个小站，阿禾靠着窗台，"人生其实也需要停下来，不要走得太快。我，离开了他。"

那个夜晚，阿禾曾想过死。

对，她哭晕在寝室里，拿起了小刀。

"如果你就这样死了，没有任何人会哭泣的。"静静冷静地站在旁边，轻声说道。

"他欺骗了我！他竟然已经结婚了，已经结婚的男人为什么要来招惹我？"阿禾喃喃说着，没有任何情绪的起伏。

静静还是很冷静地说道："他说的没错，你没问，他就没骗。"

"静静！"

"我只问你，你爱他吗？"

"爱！"

"那你可以不顾一切和他在一起吗？成为第三者，等着他离婚？"

阿禾沉默了。

静静指了指小刀，"你割下去，试试，会很痛的。如果你爱你自己，就和以前一样，离开这个男人，等待你真正的幸福。"

晴子已经在补妆了，她说眼线总画不好，让阿禾给她画。

阿禾近距离地盯着眼前的女孩，她的眼睛真的很美，美得阿禾都不敢直视。

"只是，姐姐，你真的，坚信你会遇到好的吗？我的意思是说，在经历了两次的伤害后？"晴子小心翼翼地问道。

夕阳一点一点地透到了包厢里，从阿禾的背面透出来，阿禾的丸子头下，两鬓的碎发在鹅黄色碎片中，飘动着，恬静美好。

"不相信。"总算是画好了眼线，阿禾语重心长地说着，"人人都有一颗玻璃心，碎了能还原吗？更何况还碎了两次。"

"那姐姐你？"

阿禾没有成为道姑或者是不婚恋者，她只是给了自己一段时间的整理后，把精力投注到了别的地方，学习也好，社交也好，家庭也好。当她再回忆过去时，竟然，可以云淡风轻地一笑而过。

如同此刻的她一样，全程都那么平淡的讲述，眼神始终熠熠生辉，"你始终要相信，你要继续生活下去，没有什么过不去。"

站在高处，让微风拂面，把泪吹干。

人这一辈子，谁没有在年轻的时候，爱错过人？

爱上一个恶魔的优点，需要剪去天使的明艳。

但天使，始终是天使，即使跌跌撞撞，也要飞向明天。

晴子最后还是没有打通男友的电话，她和阿禾一面之缘在终点站的时候，总算是结束了。阿禾在火车站口找到了等待的静静。

此刻的阿禾肚子都四个月大了，也要亲自来参加静静的婚礼。

"静，我在火车上遇到一个失恋的姑娘呢，我把以前你劝我的话，都悉数言传身教了呢。"阿禾牵着静静的手，缓缓道来。

"什么话？"静静脸上抑制不了的幸福和快乐，却也带着一丝的迷惑。

阿禾有点惊讶，多少个日子，她是靠着静静的话走过那些灰色的日夜，静静竟然忘记了？"就是我最痛苦的那些日子里，你对我的鼓励啊？"

"哦，我记不住了。我当时瞧着你，感觉是你让我说的那些话，我从未放在心上过。或许，支撑你的，是你自己吧。"

霓虹灯下，静静高挑的身影变幻着，拉长，缩短。

阿禾，恍然明白。

最黑的路，终要自己走完

作者：暖思

春寒哪里知道，沈颜东只是怕说多了都是错，不如不说的好。

就像纽扣第一颗扣错了，可你扣到最后才发现，

有些事一开始就是错的，可你只有到最后才不得不承认。

但是，有时候，感情就像毒药，

让你毒发身亡，欲罢不能，你也不愿戒掉。

一些旧事轻轻地滑过水面，冰凉落满你的心情。像是许多睡梦中的话语，纷纷碰碎了。阳光下，菊畦不断地开花，梦发着光。

斑驳的城墙，被拆迁的旧楼房。尚未盛开的蔷薇花，一手抚过去，露水沁凉。曾经喧嚣的庭院，如今已然荒芜不似从前。

记忆里总有个声音在背后喊着她，回身，却只有影子像寂寞一样

冗长。别后秋天，绿暗残红。他已不再是她的手风琴少年。

认识春寒的那一年，沈颜东19岁，在拥挤的人群中，沈颜东发现了她，春寒梳着双马尾，穿着白色帆布鞋和浅蓝色棉布裙，肤色白皙。春寒走在沈颜东的后面，拾到了他的钱夹，走至他的面前还给了他。

他说，很高兴认识你。那便是相遇的开始，最普通不过。

迎新晚会的那一天，沈颜东用漂亮的手风琴赢得了满堂喝彩。舞台的光打得很亮，台上的沈颜东穿着白衬衫，嘴角有淡淡的微笑，如同天上的星星一样璀璨。台下，春寒看着他，眼里是无尽的笑意，她坐在第一排迎上他的眸子，两人相视一笑。

那一天，沈颜东弹了一曲《那些花儿》。

但那个时候，春寒早已有相恋已久的少年蓝柯，虽然他们之间是异地，每次的路程都是长达两夜之久，但如花般的青春年少，两人都在苦苦坚持。即便大多时候，思念总是如潮水一般让人眼睛潮湿，但春寒想，坚持的彼端，便是幸福。她倔强着，亦如一只孤单的飞鸟，等待着黎明，去飞向她的彼岸。

她明白沈颜东对他的心意，但感情里，从来没有两全其美。

只是，他不说，她也当作不知道，那样，她便可以继续心安理得地享受他赠给她的温暖，那些温暖，如同久违的阳光照亮她的心房，但有时候，春寒又感觉有些忧伤，也说不上来是哪里不好。

也许，像她说的，很高兴认识你，她真的很高兴，仅此而已。

但是人都是贪婪的，特别是对于好这件事，你不承认也罢，但是你的心却是不会欺骗自己。记得有一年,春寒迷上了画画,写生,于是,到处走走,成了她必做的一件事情。那一天,她走到了旧年留存的四合院。阳光打落在旧墙壁上,一路上,蔷薇开满了一地,这样的景致终是成了她笔下的一幅画。

就在春寒认真地画画的时候,她听到有人喊她,春寒一回头,看到沈颜东背着画板站在她的身后,春寒说,哦,原来你也在这里。

阳光正好,他们坐在门槛上画花画草画青石板的小巷,画出来像他的心事一样绵长,那一天,他们画了许久,直至夕阳西落,光影拉长,将他们的影子拉成一条电杆的样子。春寒走在沈颜东的身边,微风吹拂她的发丝,那一刻,时光静好。

放假的那一天,沈颜东去车站送春寒,一人明亮,一人惆怅。沈颜东知道,春寒是要去见蓝柯,那个在她笔下成画的少年,他知道,春寒是去奔赴她的朝思暮想。他心底失落,也只能故作伪装,他说,春寒,祝你一路顺风,旅途愉快。春寒看着沈颜东,微微一笑,她说,谢谢你!

回来的时候,沈颜东又到车站去接春寒,那一天,春寒神采飞扬,透着初阳的朝气。春寒给沈颜东带了一个礼物,一个呆头呆脑木制的娃娃。春寒说,沈颜东,这就像你一样,有时候连话也不知道怎么讲。

春寒哪里知道,沈颜东只是怕说多了都是错,不如不说的好。就像纽扣第一颗扣错了,可你扣到最后才发现,有些事一开始就是错的,可你只有到最后才不得不承认。但是,有时候,感情就像毒药,让你毒发身亡，欲罢不能，你也不愿戒掉。

毕业前，许多同学一起去KTV。拥挤的包厢里，是热闹的，心，是孤独的，有人说，狂欢，是一群人的热闹，孤独，是一个人的狂欢。有人唱至心伤处，低声哭泣，有人酒饮多了手舞足蹈，也有人，在那里欢笑。四年的时光，太匆匆，有很多事情还来不及做，便没有了机会。到了快要告别的时候，大家彼此拥抱，舍不得放手，往事如流水一般在心底淌过，而沈颜东，一直站在离春寒最远的角落里。

第二天，换作是春寒送沈颜东离开。

在并不拥挤的站台上，他们听见乞讨的流浪艺人用破旧的手风琴弹奏着那曲《那些花儿》，跟着旋律，沈颜东轻轻哼唱起来：那片笑声让我想起我的那些花儿/在我生命每个角落静静为我开着/我曾以为我会永远守在她身旁/今天我们已经离去在人海茫茫/她们都老了吧/她们在哪里呀/我们就这样各自奔天涯/啦……想她/啦……她还在开吗/啦……去呀……

他们看着彼此，微微一笑。总有些遗憾在生命里落下败笔，却不得不就此戛然而止。又好似，一切又回到了原点，回到了相遇的那一天，只不过，他来了，赠她一场空欢喜。沈颜东走远了，她还在原点，目送着他远去的方向，泪，慢慢湿着眼角。

多年以后，沈颜东从春寒的昔日好友口中得知，原来那一年，她和他在站台上道别的时候，她早已和蓝柯分手，而沈颜东竟没有看出任何破绽来。想来是他自己的嗟叹，令他错过了昨宵，又错过了今朝。

然而，谁又知道，当年无言的收场，不是最好的结局。沈颜东想，总不能流血就喊痛，怕黑就开灯，想念就联系，疲惫就放空，被孤立就讨好，脆弱就想家，不要被现在而蒙蔽双眼，终究是要长大，最漆黑的那段路，终要自己走完。

时光的流逝，总是会让我们丢失一些弥足珍贵的东西，而逐渐变得迷茫，知其然，而不知其所以然。什么才叫作成长，什么才叫作沉淀，也许在通往这些的路上，也许还会徘徊在路口。懂得了，也就上路，未曾懂得，就只能一直徘徊。

那个梦,我还未曾忘记

作者:醉伊笑红尘

是呀,一个黄昏,可以停车坐爱枫林晚,
可以吹箫声断倚独楼,也可以泪洒秋风看伊舞。
只是,彼时的心情凌乱,低泣的呜咽在若兰的舞蹈中翩跹,
像一个沾染了魔法的五线谱,若兰的身体如炫彩音符般上下翻动,
尽情地律动着青涩的美好。

  是在为风而歌,是在为鸟而歌,还是在为自己垂落的灵魂,经营惨色!不!一切为了轻盈地掠过,一切为了洁白的羽翼,一切为了生命的清流,在滴落!

  你记忆的长廊里,存不存在这样一个人,她的来去不受阴晴冷暖,不受日月盈缺影响,她的情绪总是游离,她的思绪总是飘远,我们摸

不清，道不明，也追不上，她似梦般真实而迷离，我能做的，也只有写给她一首诗，偶尔在记忆转角的咖啡店里相遇，轻轻地一声问候："喂！还在追寻那个梦吗？我还未曾忘记！"

"大家好，我叫若兰。"她的开场白很普通，丢到任何人记忆的河流中都不会泛起一丝涟漪，但我却记住了她的名字，在我小学六年级的幼小心灵里，这个名字非但觉得好听，而且满足了我很多关于美好的遐想，正在运笔写命题作文的我猛一抬头，看到的果然是一个清新俊秀的女孩，她的大眼睛里一定是被人浸了墨，不然不会那么深邃而明亮。

只是，她的目光始终翱飞于午后的窗外，温暖和干净互有交集。从班主任给她安排我右手边的邻座开始，到放学铃打响，阳光在她眼中逐渐暗淡，她捏了捏纯白色的裙角，直起身，把飘散的发丝轻轻地推到耳后，她没有拿书包，步履轻盈地和班级的另一个女同学在蜿蜒的山路上同行。

我和两个捉青蛙的淘小子也同样走在这条山路上，我们的家同属于这条路上的不同村落，若兰时而去采集路边鹅黄色的蒲公英花，时而绕到另一个女同学身后，在女同学细长的麻花辫上插上一朵小花，若兰咯咯地笑着，她的脚尖像蝴蝶般轻点在坚实的大地上，一只手拈着裙角，另一只手灵蛇般地从身体高绕过头顶，夕阳的余晖散落在她的身上，她像一只七彩的陀螺在山路上旋转，我把书包丢在地上，淘小子们也不由自主地松开了手中呱鸣的青蛙，和另一个女同学围坐在野草上，在那个没有电视的年代里，山岗为我们搭建了广阔的舞台，火烧云成了巨幅的背景图，若兰在微风中的舞姿青涩而曼妙，恰如她那含苞待放的身体。

后来，我们每天都一起行走在回家的路上，若兰的身姿一天比一天柔韧，她的舞姿也越来越收放自如，那大概是一个不喜欢掌声的年代，我们只是目不转睛地注视着她的每一个动作，像是显微镜下观察肌体的每一个细胞，夹伴着呼吸的声音，山风在吟唱。

直到有一天，若兰低垂着头静静地走在盘旋的山路上，她的脚步似铅重，到了往昔跳舞的山岗旁，也只是微微一顿，就继续走了下去，我迟疑了一会儿，便小跑追上了她，若兰告诉我她的舞蹈鞋彻底坏掉了，以后再也不能给大家跳舞了。

我直截了当地问她："如果以后不能跳舞给大家看，会很痛吗？"

她哭得一塌糊涂，却认真地一字一顿回答我："身体很痛，心里很痛，梦想更痛！"

"你的梦想就是跳舞给大家看吗？"彼时我的问题听起来总是那么不着边际。

"我的梦想像风中飞翔的鸟儿，像阳光近旁依傍的云朵，它是一种和我生命一般同呼吸的东西，我没办法放手！从我9岁开始接触舞蹈起，我就知道，我的梦想在向我招手，它来了，在向我的心灵靠近……"若兰的话在风中凌乱，我的话却让若兰怔在原地：

"等我！我去把你的梦找回来！"

我找来了淘小子高阳和传龙，商量怎么能让若兰继续她的梦想，商讨的结果出奇得一致，我们决定每天放学后去山上采蕨菜，晒干了之后卖钱攒起来，尽快把舞蹈鞋买给若兰穿。

在若兰山路上的身影落寞了两个月后，我们三个人把卖掉蕨菜干凑起来的毛票数了清楚，一共是85块钱，周末的当天，我们步行几十里地去了市内，在城市的车水马龙中几经辗转终于找到了一个摆满无数新鞋子的商场。

"我要那双鞋！对！就是那双鞋子！"看到货架上摆放着和若兰穿的一模一样的鞋子，我们三个没秩序地对着售货员大喊。

"小朋友，眼光不错嘛，这款印有淡紫色蝴蝶结的舞蹈鞋，可是质量不错，物美价廉呀！"

"多少钱？"我手里递过去一个鼓鼓囊囊的白象方便面袋，里面装满了一毛五毛的毛票。

"孩子，这双鞋子收你们进价，刚好100，你们给我的钱还差15！下次再来买吧！"售货员阿姨有礼貌地把白象方便面袋退还到我手上。

"不！我就要！我们走了一天还没吃饭，就是来买这双鞋子！"高阳中气不足的话语中带了一丝哭腔，传龙却已经忍耐不住坐在商场的瓷砖地上大哭起来，马上就要小学毕业了，如果没有舞蹈鞋，就再也看不到若兰的表演了！我傻傻地站着，看着他俩止不住的哭泣，来往路过商场的人很多，看到三个身上沾满泥土的孩子也开始指指点点，到后来，一些好心人开始掏出兜里的零钱来，放到我们的身边，传龙边哭边数着钱，一共是2张五毛，10张两毛，20张一毛，五块钱！传龙的鼻涕笑得满嘴都里，可是还差10块钱，我们还是没有买到那双舞蹈鞋！

过了一周，我爷爷听京剧的收音机丢了，我的屁股被爸爸用烧火棍揍得肿了老高。我终于从商场里给若兰提回来那双漂亮的舞蹈鞋，高阳和传龙围着夸我真厉害，我弯着腰说还行，我觉得我的屁股挺厉害的，估计古代的一丈红都不能让它屈服。当我把鞋子递到若兰手中的时候，看到她眼中停驻的那一种渴望和感激，我觉得即便没有屁股也够了！她的眼神第一次没有游离于外，她望着手中的鞋子，上前紧紧地抱住了我，只是她的个子比我矮，她搂着的不是我的腰，而是我的屁股，就这样，我领悟了世上有一种可以笑出来的钻心的疼痛，她的身体在发颤，我坚忍着拍了拍她的肩，轻轻地说道："若兰，送给你的梦想！"

只是，还没等到毕业，若兰就要离开了，在"非典"闹得最凶的时候，她远在上海的母亲来学校接她，她坚定地对她的母亲说："等一等，我需要一个黄昏！"

是呀，一个黄昏，可以停车坐爱枫林晚，可以吹箫声断倚独楼，也可以泪洒秋风看伊舞。只是，彼时的心情凌乱，低泣的呜咽在若兰的舞蹈中翩跹，像一个沾染了魔法的五线谱，若兰的身体如炫彩音符般上下翻动，尽情地律动着青涩的美好。夕阳无限好，只是近黄昏，我出神地在想着以后，没有若兰舞蹈陪伴的以后，我会行走在哪里，认识怎样的人，过怎样的人生，会不会再遇到个跟我畅谈梦想的姑娘，会不会再碰见一个心甘情愿为之挨揍的姑娘，时光那么远，又这么近。

后来，我没有再遇到若兰，只是一次听和她要好的女同学说，我当年亲手递给她的那双舞蹈鞋，她一直贴身带着，像一个心爱的宠物，更胜似一个朋友，据说，她成了一名出色的青年舞蹈家，每每想起当年她描述梦想的样子，我总是会情不自禁地笑出声："若兰，你的梦我还未曾忘记！"

PART 3

别放弃，最好的人生才刚刚开始

今夜灯火更璀璨,她觉得风似乎缓和些,却又紧了。风等不及天亮,等不及日子一天天地爬,爬起一道道皱褶。她觉得风可以自由着呜咽,可以说走且走,甚至撒蹄子地奔向狂野中不管不顾。它野,她却不能,她是毕夏,他的毕夏,这么多年,她习惯了等待,等待一阵风,其实是风来去匆匆的空当,更让人驰骋希望!

——江晓英

找好未来的方向,现在努力还来得及

作者:秋尹树

因为我知道,我拥有一样别人偷也偷不去抢也抢不走的东西,那个东西叫"梦想"。

梦想是什么?是纵使万里一片黑暗,环视周围还有一米阳光。

我正走在为梦想而努力的路上,因为现在一切都还来得及。

在大学临近毕业的很长一段时间内,我都陷入莫名的恐慌,这种恐慌源于没办法给自己定位。论学习吧,学习不行,大学读的也不是名校;论特长吧,特长没有,除了头发特长吧,还真心找不到特长的东西;论容貌吧,容貌平庸,丢在人堆里找都找不到;论脾气吧,脾气也差,常常把家里的老头儿气得吹胡子瞪眼;论感情吧,感情苍白,至今还是无人问津。眼看着昔日的同学,出国留学的留学,回家结婚的结婚，独立创业的创业，再看看自己，顿时像个泄了气儿的皮球，再也蹦跶不起来了，不知道这二十多年的自己都做了什么。突然觉得这样一无是处的我，这辈子肯定是完蛋了，现在做什么都来不及了。

后来在图书馆闲逛的时候，碰巧看到 meiya 的一本书《慢慢来，一切都来得及》。

Meiya 说："人人都害怕来不及。来不及弄清楚自己想要什么，双鬓已经开始发白了；来不及确定自己的爱情，对方就已经结婚了；来不及好好爱孩子，他就长大离开你了；来不及功成名就，我们即将进坟墓了。"

在这个快节奏的社会里，对时间的焦虑，无时无刻不像一条鞭子一样抽打着我们，逼迫着我们马不停蹄，因为我们害怕一切的来不及。很多时候，因为当年错过和失去的人或事，我们陷入长久的悔恨与自责当中。当年该好好上学的时候，却没好好读书；当年该好好创业的时候，却没有趁机投资；当年该好好孝顺父母的时候，却漂泊在外；当年该大胆去爱的时候，却没敢表白。可是，当年逝去的人或事，再怎么悔恨与自责，都已经成为过去，时间的大轮子只会推着我们向前转。

陶渊明有文云："悟已往之不谏，知来者之可追。"古人都明白的道理，我怎么不明白呢？所以我开始问自己，喜欢什么，想要什么，想做什么。仔细一想，唯一可以提得起来兴趣的就是写作了。于是长久长久地泡在图书馆，于是留心生活中可以付诸笔墨的素材，于是每天记录自己的心得体会，于是陆续收到了编辑的约稿消息。

曾经看张爱玲在书中说过这么一句话："出名要趁早。"也曾为此焦虑不已。张爱玲十来岁就成名，而如今年少出名的作家也比比皆是。身旁写作的朋友陆陆续续地出版了很多作品，有的作品还被改编成影视剧，取得了很大的成功，而我却渺小得似一粒尘埃。后来跟朋友说出我的焦虑，她说，你急什么，如果40岁做成的事情你二十几岁都做到了，你现在还努力个什么劲儿？如果真的是感兴趣，找好未来的方向，现在努力还来得及。

爱因斯坦说："兴趣是最好的老师。"所以他努力探索物理学，最终成为一位出名的物理学家。

村上春树说："喜欢的事自然可以坚持，不喜欢的怎么也长久不了。"所以他勤奋写作，最终成为一位杰出的作家。

乔布斯在斯坦福大学的毕业典礼上的演讲也说过这么一段话："有时候，生活会用板砖砸你的头。一定不要失去信仰。我知道，唯一支撑我前进的东西就是：我爱我所做的事。你必须找到你所爱的东西。"所以他专心研究开发电子产品，最终成为一位伟大的企业家。

做自己喜欢的事情，才会有持久的动力。努力但不盲目，找好未来的方向，现在努力还来得及。

泰戈尔说："如果你因错过太阳而流泪，那么你也将错过群星了。"

我告诉自己："爱好不能只爱不好，要因爱变好，成为爱好，然后越来越好！"

现在的人们，都极度渴望短期内获得成功，可是成功是急不来的，也是复制不来的。《成功学》的大肆鼓吹，让这个社会越来越浮躁，节奏越来越快，诱惑越来越多。可是俗话说，饭要一口一口去吃，路要一步一步去走。找好自己的方向，从现在开始，每天努力朝着梦想前进一小步，慢慢就能跨出一大步。越是大的成功，越是需要时间。用 meiya 的话来说就是，心慢下来，行动才能快起来。

俞敏洪想上北大，因为英语太差，复读三年，才圆梦北大，后来创建了"新东方"。齐白石 23 岁才正式开始拜师学画画，中老年以后才把虾画得栩栩如生，后来名声大振。刘邦 48 岁，才响应陈胜吴广起义，后成为一代著名君王。吴承恩 50 岁才开始写《西游记》，老年才得以完成，才有了现在的"四大名著"中的经典之作。

我有一个同学，上学时浑浑噩噩，抽烟、打架、闹事，还差点被学校开除，当然毫无意外地没有考上大学。之后又向家里要了一笔钱开服装店，爆发金融危机又惨烈背负 10 万元外债。后来又当过服务员，嫌太脏，做了一个月不到不做了。做过收银员，嫌不挣钱，又做了两个月走人了。还干过销售员，嫌太累，做了三个月辞职了。最后，一心一意在一个公司从基层做起，一步一步努力，现在创立了自己的公司，年收入上千万。

时间不会亏待任何一个努力的人，从现在开始努力，一切都还来得及。

俞敏洪曾经在北大的演讲上说过这么一段话："大家都获得了优异的成绩，我是我们班的落后同学。但是我想让同学们放心，我绝不放弃。你们五年干成的事情，我干十年。你们二十年干成的事情，我干四十年。"正是因为有这样的心态和胸怀，俞敏洪才成为了当今最成功的企业家之一。

现在大学毕业了，看起来我一无所有，没钱，没车，没房，没恋人。但是，我却不再迷茫不再恐慌了。因为我知道，我拥有一样别人偷也偷不去抢也抢不走的东西，那个东西叫"梦想"。梦想是什么？是纵使万里一片黑暗，环视周围还有一米阳光。我正走在为梦想而努力的路上，因为现在一切都还来得及。

人生不需努力，要的只是不懈

作者：红了樱桃

我就曾经看过一则小故事，

说是一老太太非常地钟情于文学，她硬是没日没夜地写啊写啊，

写了几麻袋的书稿还在努力地坚持。

这事不胫而走，有记者兴致勃勃地慕名前去采访，

结果看了一麻袋又一麻袋，

最后记者不无遗憾地写下了这样一篇文章《执着 执着 放弃》，

显然，那几麻袋的书稿都是废纸一堆。

由此而可见，不懈也是有前提的：

也就是你必须天生就是这块料，否则就别再愚蠢地做无用功！

其实我这人从小读书就不怎么努力，老师上课只要听了个六成，

我就会思路跑偏，要不就是前后左右转着圈说话，要不就是花样翻新、偷偷摸摸干些不靠谱的事，比如用小刀在橡皮上刻图章，偏偏我学习成绩却不错，所以大队干部和中队干部们就常常抄我的作业。可唯独一样看小说我比谁都积极，而且一看就看了几十年，以至于看了还不算，看到后来却手痒痒，于是便情不自禁误入了歧途——冷不丁玩起了文字，弄到最离谱的地步竟然是文字救了我一命。

文字也能救命？没听说过吧，其实还真有那么回事，不过咱这儿先按下不表，还是继续说读书的事吧！

记得小时候因家里穷，也买不起书，不过书非借而不能读也，就因了一个借字我就读了无数的书。那时同学们经常都会带书来学校里显摆，只要是看见了谁有好书，那一定就逃不出我的"魔爪"，"这本书借我看下好不？""明天我就要还！"明知人家是推诿，可我却不达目的决不罢休："明天上午就还给你！"话都说到了这份儿上，人家也不好再说什么，谁叫咱学习好呢？同学们也都不愿意得罪我。于是夹着一本书，在放学回家的路上就兴冲冲地开始了又一轮快乐漫游。

我素来有个坏毛病，那就是晚睡晚起，有人说，咱这号的属夜猫子型。因打小就特别喜欢看童话、民间故事，还有章回小说什么的。每天晚上做完了作业，便是我大过书瘾的好时候。只是那著书人实在是可恶，每每关键时刻，就跑出来调你的胃口："欲知后事如何，且听下回分解！"而我这等蠢人便也常常被他们牵着鼻子走，直到鸡啼三声，一看闹钟，大叫不好，赶紧翻身上床、脱衣就寝，可还没等你做完一个好梦呢，就听母亲在床边大声地唠叨："这只懒婆娘，还不赶快起来吃了饭去学堂里？"

记得小学时，学校有间图书室，别看不大，好书却不少，正是在那里，它让我知道了《钢铁是怎样炼成的》；还告诉我《黑龙湖的秘密》；你瞧！林道静正热血沸腾地唱着《青春之歌》；少剑波又带领着他的小分队驰骋在《林海雪原》；不知咋的，我和班上的学习委员竟心血来潮，发誓长大了一定要到新疆去做个《军队的女儿》……后来，新疆倒是没去成，却和同学们来到了"风景这边独好"的会昌，16岁花季般的年龄便要消磨在面朝黄土背朝天的辛苦劳作中。贫困的山区一无所有，幸运的是我还能找到精神食粮。不知是谁为了解闷，把"金陵十二钗"也请进了知青点，闲暇或多雨的季节，我便闹中取静，陪伴着"刘姥姥"走进了色彩斑斓的大观园。

也还算幸运吧，我知青出道后的第一份工作就是当公社播音员和守三十门总机的话务员。正因为从小就作文能力强，加上任何情况下都离不开书，所以采编员们的稿子从来我都要自己修改一遍再播送，其实，播音员是并没有改稿责任的，可看着不很通顺的稿子心里总是不舒服，久而久之我变成了二审。可由于种种原因，我还是恋恋不舍地离开混了八年播音的公社广播站，谁知后来却越混越差，这一跳槽却跳进了死胡同，因为十年后我却被无情的下岗了。

说实话，我以前的正规学历充其量就是个小学毕业，好在却一辈子喜欢博览群书，读书真的成了我生活的第一需要。其实读书也并非为了达到什么特别的目的，只是觉得读书趣味无穷，它不但能使我放下生活中一切的不如意，而且还能让我在文字的天地里虚构我的理想国，所以一天不读书就觉得难受，浑身不舒服，读书就犹如吃饭、喝水、睡觉一样的不可或缺，人家也许是"要我读书"，可我却是"我要读书"。也许有人会问：真的假的？哈哈，信不信由你！

正因为与书结下了不解之缘，所以在下岗十年那段最痛苦最烦闷的日子里，我更是坐拥书城、与书为伴。许是书读得多了，也就有意无意地写着一些鸡零狗碎的小文章自我欣赏，借助于文字以排遣心中的缕缕愁绪。记得多年前的一次偶然，有文学前辈在看了我的那些文字之后，忽冒出一句：像你这般酷爱读书写作的人，到文化馆去工作不是很好的么？虽只轻轻一句笑谈，却无形之中激发了我踏进文学神圣殿堂的强烈愿望。可区区一名下岗女工，要实现那瑰丽多彩的文化梦又谈何容易？简直是连想都不敢想！

然而，造化和机遇却让我不经意地碰上了贵人——县委书记温声高，于是，幸运之神向我伸出了仁爱之手。某日，同窗好友在一顿酒足饭饱之后便对丈夫指点迷津：新来的县委书记很关心下岗职工，并且听说还非常爱惜人才，你老婆文笔不错，写的文章都能够发表了，何不写封信去书记那儿碰碰运气？

说实话，这类指点确实是充满着诱惑，可与书记素不相识，又无要人引见，单凭区区一封书信，就指望能出现什么奇迹？我实在是有些怀疑。可家庭窘境又迫使我不得不拿起那支求助的笔，管他去，就算是死马当作活马医。于是，我惶惶然给书记写去了一封长达七页的求援信，并心存侥幸地附上了一篇发表过的散文，却又丝毫不敢指望它能给我带来什么佳音。

日子在叹息中悄悄滑过，人也在沉寂中默默前行。忽一日，喜鹊枝头叫，福从天上来。县劳动局长一个电话把我召了去，原来县委书记看了我的信之后非常重视，欣然命笔在信上做了长长的批示，于是，在这位素昧平生的县委书记的关怀下，我这个已过不惑之年的普通工人在下岗十年之后，竟破天荒地来到了县文化馆试用。

从一名业余文学爱好者到专业搞文学创作，对于我这个小学毕业的老知青来说，肩上担子的分量显然是沉甸甸的。但一想到县委书记那暖人肺腑的亲切关怀，便觉着有一股无形的鞭策力量在激励着我、鼓舞着我，使我只许成功、不许失败。好在运气还不错，经过勤奋地努力和朋友的指点，我不但超额完成了试用期的创作发表任务，而且小品和故事还在地区和省故事大赛中连连获奖，得到了有关领导和同志们的一致认可。

除了喜欢看书，其实我还有一大爱好，那就是喜欢唱歌，所以小学三年级就会磕磕碰碰地识谱，上初中虽然没书可读了，但革命歌曲大家唱，冷不丁我就混上了教歌员，并且还不知天高地厚地敢于带徒弟，我一同学就是在我盲人骑瞎马的胡乱指点下，学会了识谱，以至于后来她考文艺学校时发挥了巨大作用，因为要不是跟我学了点识谱的三脚猫功夫，也许那次面试她就彻底砸锅了。十年下岗期间，我除了打工、看书、集邮，那就是唱歌了，每当夜幕降临，吃过晚饭后，我总要坐在窗前扯着嗓子引吭高歌半小时以上。记得小时候除了买音乐书，还订《歌曲》、《解放军歌曲》、《广播歌选》等，并手抄了很多歌剧选段和精彩的少数民族歌曲。

2004年第19届世界客属恳亲会在我们赣州召开，为配合这次盛会，赣州宣传部等有关部门联合举办客家优秀歌词征集大赛，谁知我第一次写的《客家女人》和《女儿嫁到了山里边》就分获一等奖和二等奖，后来这两首词分别刊登在江西省音乐杂志《心声歌刊》2005年和2006年的第一期，就这样，我一不小心加入了音乐文学的创作队伍，后来《客家女人》又获得了梅州征歌一等奖并被评为了梅州市优秀新作奖。到目前为止，我已经写出各类歌词五百四十多首，其中被谱曲的有四百多首，并加入了中国音乐著作权协会，每年还能弄点儿小钱补贴我的熬夜费。

其实有人也问过我，从来不写诗歌的你怎么一写歌词就获奖？奇怪吗？其实也不奇怪，因为歌唱多了，抄多了，对歌词的基本格式和要领也就大体知道了，加上以前经常看《收获》、《十月》、《解放军文艺》等，每次一卷在手，我总是先看诗歌，然后评论、散文、报告文学，最后才看小说，就像我吃东西，总是把最不喜欢吃的先吃，最后才享受最喜欢吃的，虽然我并不喜欢现代诗和文艺评论，但我绝对要过一遍，这也许就是后来我为什么玩歌词、写文艺评论或者晚会串联词的处女作都还算精彩的主要原因，因为看多了自然也就略知一二。

毕竟是学上得太少，许多古典名著读起来就似懂非懂，为了对付晦涩生僻的古汉语，为了走进古典文学的神圣殿堂，于是我三年上职工夜校，四年读刊授大学，五年参加自学考试，硬是"咬定青山不放松"，终于"苦心人，天不负，卧薪尝胆，三千越军可吞吴"。通过多年的自学，我这才稍稍触及了古典文学的皮毛，领略到先秦、汉赋、唐诗、宋词、元曲及明清小说的华丽风采。读书使我重新认识了"志在千里"的曹操，他在我的眼里再也不是一代奸雄，而是杰出的政治家与诗人；那位至死"不肯过江东"的西楚霸王，虽然兵败垓下，但却仍然是顶天立地的英雄，他的悲壮，是刘邦的小人得志所不可比拟的，难怪连纤纤女子的易安居士也挥洒一掬英雄泪："生当做人杰，死亦为鬼雄。"

记得有位伟人说过：一个人做点好事并不难，难的是一辈子做好事。这句话的深刻含义不就是贵在不懈的最好诠释么？难怪有专家认为：你潜意识里觉得最重要的事，你根本无须努力，自然就会把它做到很好，比如你的兴趣……一件事倘若需要你过多地努力或自律，那你基本是做不好的……这话简直对极了，我就曾经看过一则小故事，说是一老太太非常地钟情于文学，她硬是没日没夜地写啊写啊，写了几麻袋的书稿还在努力地坚持。这事不胫而走，有记者兴致勃勃地慕名前去采访，结果看了一麻袋又一麻袋，最后记者不无遗憾地写下了这样一篇文章《执着 执着 放弃》，显然，那几麻袋的书稿都是废纸一堆。由此而可见，不懈也是有前提的：也就是你必须天生就是这块料，否则就别再愚蠢地做无用功！

27楼，一样的风

作者：江晓英

风等不及天亮，等不及日子一天天地爬，爬出一道道皱褶。
她觉得风可以自由着呜咽，可以说走且走，
甚至撒蹄子地奔向狂野中不管不顾。
它野，她却不能，她是毕夏，他的毕夏，这么多年，
她习惯了等待，等待一阵风，其实是风来去匆匆的空当，
更让人驰骋希望！

　　她碗里的小馄饨色泽很纯，散着一圈一缕的清淡雾迷，香气从四面八方乱窜来，流溢在了这个房间里，有了烟火的气息。隔着一个屏风，她高呼着"快来吃啦！"

　　"赶紧端这儿来，有球赛呢。"

"懒猪。"她嘟囔着,轻轻地将碗搁在了茶几上,回过头去,还温热着一大碗骨头汤,她怕摇晃,仔细地走着,很专注的样子。

"赶紧吃啊,不然凉了!球赛常有,这小灶可不是天天有的哈。"她娇嗔着,有些埋怨。

"切!笨死了。"

"你才笨死了!不吃我吃了。"她故意伸手抢碗。

"别呀!马上,我吃还不行吗?说那,那8号呢!"

她将电视关上,解开围裙和他并排而坐。一抹微光细碎碎地侧着身子进来,影子很纤瘦,有风灌进27楼的窗户,她一缩,紧了紧身。看他正卷着舌抿了一口清汤,很温暖舒坦的样子,她也跟着有了热气。

小馄饨皮儿很薄,他问是她自己擀皮儿的吗?她说,我像这家人吗?他笑笑:"也是啊!不过有一天会像的,会有一间大大的厨房间让咱毕夏操作——做我的专职厨娘。"

"臭美吧!我才不要做你的黄脸婆。"她不争气地转过头去,刚好和风打了一个照面。这话风似乎也急了,她下意识地抹了一下眼角,见不润,倒有些失落。何时,她争气了!

"才隔三月,当刮目相看,功夫了得了。"他一边夹着馄饨,一边赞不绝口道,"好,汤色好,味道更好,放了上好的鸡精吧?"

"你才放鸡精!"她有些怨怼着,"熬了一天的大骨头,肉汤,总比你几个月才见到的人鲜吧!"

"那是,咱鲜啊!活物一枚,如今任由主人宰杀,你说啥咱就不说啥，行不？"

　　好一阵子安静，风刮着帘子沙沙地响动，她起身走到玻璃窗前，对面灯火星星点点地透亮着些微的晕黄，一座座高楼、一个个窗户上，她似乎发觉，那些光纤一束束比她还冷、还寂寞，独立着的模样。

　　"毕夏，我又兼职了一处工程的设计，再有两三年，咱们结婚吧！"他不知何时不声不响地起身来抱紧了她。她一挣，他更紧地圈住。她便随他去。

　　毕竟，多一双手，气氛，暖多了。

　　她和他，看着窗外一直沉默着。这一抹城市的亮，越来越多的清泠泠，更容易让风疼。

　　许久，她突兀地说了一句："那天我看见你了，在蛋糕店里，一转身，你便不见了，我瞬间泪流满面。"

　　"不哭，毕夏，都是我不好。"他觉得哪个地方不对劲，于是接着说："不过，我一直没有回江城啊，怎么会是我呢，是看错了，那是谁？"

　　"对，我看错了！那是一个酷似你的年轻男孩子，一样的打扮，一样的个子，一样的眼神，连来时的那一阵风都一模一样轻轻地，那么飘浮，你说，那不是你吗？"她哽噎着，没有再说下去，同时抽了抽身子，想离开他的手臂束缚。他一怔，猛地更将整个身体围住她！

　　"我不要宽房子，我不要车子，我不要你离我远远地，风一阵地来，比风去得还快。"她喉咙有些微微地战栗，没有再说下去。

　　"总有人会在乎的，毕夏，你不是你一个人，我也不是我一个人，我们都有父母亲戚，我想给你最好的，我如今做不到，但是，我起码要给你一个家，一个小窝，毕夏，我是男人，一个爱你的男人，连遮风挡雨的本事都不能给你，我娶你！"他松了手，顺势从裤子口袋里摸出一根烟，在另一个手心上触了一触，沉了一下，又放回去了。

今夜灯火更璀璨，她觉得风似乎缓和些，偶又紧了。风等不及天亮，等不及日子一天天地爬，爬出一道道皱褶。她觉得风可以自由着呜咽，可以说走且走，甚至撒蹄子地奔向狂野中不管不顾。它野，她却不能，她是毕夏，他的毕夏，这么多年，她习惯了等待，等待一阵风，其实是风来去匆匆的空当，更让人驰骋希望！

毕夏，等下一个天亮，好吗？

梦，还在么

作者：彼岸花主

每个人都有自己的牵绊，说走就走只是一时的，
人不会孤独地我行我素一生，
也许在某个不经意的瞬间就遇到了那个想要为他停留的人，
有了牵绊就会多了一份责任，
说走就走的旅行可能就会变得有困难，
可幸好还有一份让你奋不顾身的爱情。

　　遇见大宝，苏离一直都觉得是缘分使然，不过是一次异地的早餐就遇到了这个比自己大两岁的男孩子。

　　去年四月份，苏离煽动姐姐一起去了苏州旅游，当然游资是姐姐出的，苏离惯会"敲诈"她姐，因为还在学校没有资本出去游玩，每

次都会煽动姐姐陪她一起去,美其名曰要多出去看看世界。

是的,旅行一直都是苏离的梦想,以前在学校里做兼职挣了钱都会存起来,微薄的稿费也舍不得花,最后都拿去支持自己看世界的梦想了。

她们姐俩一个从南阳出发一个从温州出发,在苏州火车站汇合后就去了平江区。第二天早上出去吃早餐因为没有空座就去了坐着两个男生的桌子旁坐了下来,原本以为他们也是结伴而行的,交谈之后才知道他们也是拼桌的,互相都不认识。交谈便从这里开始,不过几分钟时间四人便已像是多年不见的老友一般熟悉了。

大宝,就是这两个男生中的一个。他很瘦,个子也高高的,刚认识一天居然就开始说苏离需要减肥,还说他怎么吃都不胖,让苏离甩了他好几个白眼,外加羡慕嫉妒恨,为什么人家的体质都是这么羡煞旁人啊?

那天,他们四人一起去了留园、虎丘、寒山寺,之后就回了观前街,他们都在观前街附近住着。夜幕降临时吃了些当地的特色小吃,在观前街逛了一圈就一起去听了苏州评弹《太湖美》,还有几首评弹苏离忘记了名字,最后逛到一间小酒吧就进去坐了一会儿,大宝在这里请苏离喝了一杯鸡尾酒,她到现在依旧记得那个味道。从酒吧出来就分道扬镳了,来自北京的那个男孩说第二天一早要赶去上海,分别就算道别了,大宝说他想去拙政园看看先不走,苏离和她姐就回了住的小酒店,大宝和那个男生一起去了青年旅舍。

苏离和姐姐忽然有些后悔没有住青年旅舍，没能见识那群来自全国各地的旅游爱好者在一起高谈阔论的场景，真是遗憾。

第二天果然就剩他们三个人了，他们在昨日的早餐铺汇合。经过一天的相处三个人好像都已很熟悉，早餐期间大宝大致说了一些他去过的地方，苏离原本以为自己这几年去过的地方也不少了，可是和大宝一比就少得多了。他说这些的时候眉梢有些飞扬，苏离能感觉到他的兴奋，也能体会他那颗热爱旅行的心，因为她自己也正是这样，对旅行仿佛有一种天然的向往，总觉得在旅行中才能找到自己的心，才能抓住自己想要的。

早餐后他们按照事先安排的一起去了拙政园。拙政园是中国四大名园之一，也是苏州四大古名园中最大、最著名的一座，有"中国园林之母"之称，是中国私家园林的典范。它的自然典雅也是苏离最喜欢的，她是一个喜欢自然喜欢清雅的人，太喧嚣的地方她越来越不喜欢去，在城市待得久了就渴望寻找一个有山有水的地方享受几天宁静，这也是她为何每次旅行都是选择有山有水有林子的原因之一。

姐姐就是出来放松一下的，环境优美的地方她也爱去，只是了解不是太多，但进了拙政园就喜欢上了这里，大叹这要是她家的该有多好啊！

大宝微笑着点头，"这可就是你家的么？想来就来，不过就是每次来都花些门票钱，却省了打理费。"

他说的好有道理，算下来还是来旅行看看更加划算。三人边走边说边拍照，苏离很仔细地看着这座园子。园子里山水萦绕，亭榭精美，花木繁茂，充满了诗情画意。苏离喜欢这种蕴含了江南水乡的古典气息，许是受了古诗词的影响，她喜欢江南，这些年去的地方也大多都是江南，比如杭州、乌镇、南京、马鞍山、福州、长沙、武汉、上海……还有苏州，她喜欢往江南跑，将来也想在江南工作。

其实她最想过那种一个城市一个城市"转战"的生活，在一个地方待一段时间，可以做做兼职或者找一份临时的工作，或者不找工作就一边游玩一边写文字拿稿费，既养活了自己又看了更多的人、更多的事、更多的风景，还为自己写文字积累了素材，虽然目前为止别人一直在笑话苏离的这个想法幼稚，不过那也没有关系，她依旧会坚持自己喜欢的，坚持文字、坚持旅行。

只是她没想到大宝的想法却是和她差不多，他也想把旅行进行到底，只要还能走得动就会坚持不定期旅行，坚持看世界，坚持给自己长见识。

苏离觉得这个男孩子和她有很多相同的地方，交谈也就慢慢多了起来，彼此留了联络方式，从苏州回来后他们也时不时聊天，谈论最近去了哪些地方，相互鼓励要坚守梦想，坚持旅行。

可是最近的一次聊天让苏离心中不由多了一丝沉重，她感觉大宝正在对现实妥协。是的，大宝已经毕业了，工作了，没有那么自由了，而且也到了谈婚论嫁的年龄，苏离觉察到他心中一直坚持的东西正在慢慢动摇，因为他开始纠结。

原本他们说好了要寻找一段自己想要的爱情，不妥协不凑合，更不会将就；他们要不管别人的看法和说辞努力坚持自己想做的事情，成为自己想成为的那类人；要把旅行当作梦想，用最大的努力去实现。

　　直到大宝发来几张一个女孩子的照片，苏离才确信他心中一直坚持的东西真的动摇了。他说想象里的爱情并不是所有人都能有幸遇到，让苏离也别总活在天真的幻想里，现实与理想相差太多，他说那个女孩子是朋友介绍的，没有认识多久，女孩懂他，理解他，也会生活，还说有时候选择比决定重要，让苏离好好把握住人生里的每一次重大选择。

　　苏离盯着电脑屏幕沉默了好久，她看着那个笑起来很好看的女孩，忽然不知道该说些什么，心底有些许的失落，一直相互鼓励彼此的人忽然有一个动摇，开始被生活绑架，她心中有一股失落，总觉得惋惜，却也知道每个人在不同的阶段就会有不同的选择，她理解，也尊重大宝的想法。

　　大宝说他依旧喜欢旅行，只是有了责任和牵绊，不会像之前那样说走就走了，他说他想在云南开一家简约的客栈，看人来人往。这一点和苏离有些像，苏离想在云南或者西藏开一家小店，只卖有故事的东西，看着来来往往的人，回忆着自己曾经时的点点滴滴，那必定是一段沉静而又美好的时光。

　　每个人都有自己的牵绊，说走就走只是一时的，人不会孤独地我行我素一生，也许在某个不经意的瞬间就遇到了那个想要为他停留的人,有了牵绊就会多了一份责任,说走就走的旅行可能就会变得有困难,可幸好还有一份让你奋不顾身的爱情。

大宝不是苏离人生中遇到的第一个驴友,却是唯一一个保持联络的驴友,她希望大宝能够坚持旅行的梦想,坚持丈量世界的大好河山,坚持把美景收录眼中,她也希望那个女孩子真的懂他、理解他、支持他,让他不要过早地被世俗的生活压抑得太疲惫。

苏离安静地翻看着以前旅行时留下的照片,翻到在苏州的照片时嘴角划过一丝微笑,能坚守的就不要放弃,能坚持多久就尽量坚持得更久一些吧。

她浅声呢喃:"大宝,愿你坚守梦想,愿你获得幸福!"

微雨时又想起了你

作者：彼岸花主

可我依旧会喜欢微雨，依旧会跟着心走。
去爱我认为值得爱的人。不管你的处境怎样，
我都希望你能被这世界温柔相待，能在这尘世获得幸福！

天空下起了微雨，这是今年的第一场雨。早上醒来像往常一样去翻空间，看到许多人说昨晚下了很大的雨，还有的说昨夜是电闪雷鸣的一夜，但这都是家乡的人说的，我以为南阳这里没有下雨，也没有去翻看天气。

去吃早餐的时候在宿舍通道上看到窗外一个打着伞站在雨里等人的男生，当时我好像愣了一下，然后折身回宿舍取伞，那时我才知晓原来这里也是下雨了的。吃过早餐回宿舍查看了天气预报，才知道今

天是有中雨的,但到现在依旧只是下着微雨。

我是喜欢雨的,但好像也没有那么喜欢,我这个人有一个毛病,以为喜欢的东西其实并没有想象中的那么喜欢。是的,我爱幻想,也可以幻想出很多现实中难以发生的事情或者东西,然后等夜深人静我观内心的时候又发现即便是我幻想出来的我也没有那么喜欢。

这可怎么办呢?我是不是得了什么病?心理疾病?我很容易就喜欢上什么东西,也很容易就厌烦什么东西,我试图用喜新厌旧来解释,却也解释不通,用感性也不好解释。我不知道我怎么了。

是冷淡么?不,应该不是这样的,我惧怕冷,讨厌冷淡,而且我的性格是活泼开朗的,认识我的人都说我爱笑,说我是个活宝。

我起身走到窗前,手里捧着一杯热茶,透过窗子进来的风,依旧有些冷,气温在几度和十几度之间徘徊,这应该算是春暖花开的时节了吧,可风还是有些冷,我甚至不得不把昨天才脱下的羽绒服再次穿到身上,心里庆幸着幸好还没来得及洗。

我喝了一杯热茶,才觉得身子暖了些。然后将手伸到窗外,去触那些细如牛毛的雨丝。手上凉凉的触感,让我生出几分舒适来。我喜欢雨,但我只喜欢这种细如牛毛的雨丝。

其实,我的确是病了,我的病源自于你。

你还记得那年初遇么?也是像这样,天空飘着微雨,我撑着伞经过未打伞的你身旁,你目不斜视地从我身旁走过,在许多打伞和没有打伞却行色匆匆的人群中你那闲适犹如漫步的姿态是这么地引人注目。让我忍不住回身多瞧了几眼，恰看到你驻足，微抬起脸，伸手触摸雨丝的画面，从此那个画面就定格在了我的脑海里。也许那只是你的无意之举，也许那只是你常在微雨里做出的一个寻常的动作。可直到现在你的那个动作我依旧记忆犹新，而你知道的，我的记性一向不好，却将这个画面记了六年。

我同你是一个班的，高一下学期文理文科才分到一个班的，最初注意你是一次数学老师让你去讲台在黑板上写计算步骤，你用左手拿粉笔，字迹却很清秀。也不是第一次见左撇子，却对你感到惊讶。

后来，后来是什么样的，你还记得吗？

一次调座位的时候我们成了前后桌，在靠近前门的地方。一次不经意间的回头看到你布满疤痕的右手，触目惊心。我没有问在你身上发生了什么事情，右手的伤也许就是你左手写字的原因。我开始在脑海中想象着你受伤的场景，各种各样的场景，你知道的，那个时候我就已经开始写小说了，想象于我来说并不是难事。

我们开始有说有笑，开始开彼此的玩笑，你说我不用化妆就可以直接出演恐怖片，我说你整天病怏怏的没有男子气概。

是的，你经常生病，我只知道你经常吃药却不知道你究竟生的什么病，每次缺课你都是去打点滴。有一次你让我陪你一起去医院看病，路上我没有看车就穿马路你拉了我一把，一不小心就碰到你的右手，我仿佛触电一般急忙抽回自己的胳膊。我的视线在你的右手停顿了几秒,你悻悻地收回手,无所谓地耸耸肩,说是小时候不小心热水壶爆炸烫伤的。

我知道你误会了,我抽回手不是因为你的右手布满伤疤,而是因为我碰触到的是你的手。我傻傻地问了一句,疼吗?你笑,眼睛里好像有什么东西慢慢暗去,声音也带着几分疏离,不疼。之后便是一路无语。

我带着复杂的心情与你一同去医院,也不是什么大事,就是寻常的感冒发烧而已,然后那是你第一次请我吃晚餐,却也是最后一次。

那顿饭我吃得心不在焉,心里总是慌慌的。吃过饭后你让我一个人回学校,你则回你租的房子去休息,你没有送我,我也没有送你,就那样在餐桌前分开,各走各的路。

走到学校门口我回身看到你穿梭在人群中的背影,我一眼就看到了你的背影,那天没有下雨,不然也许会再看到你伸手去接雨丝的画面,那个画面真的很唯美。

再一次调座位之后我们分开了,不,确切说你维持在原位没有动,我则从门边第一排调到了中间第一排,我们不再是前后桌,可我们之间也只隔了一条不宽的过道,我伸手还可以触到你的衣袖。

我又看到你吃药了,我想去关心你,就真的这样做了,我在晚自习最后一节课给你写了一张纸条,也没写什么,就说你爸妈都不在身边,你一个人住在外面,好好照顾自己。

纸条给你之后我就后悔了,可心中也期待着你看到纸条后的反应,隐隐地不安。放学的铃声响了，你一声不吭地离开了，我呆坐着，一直没有动，我在懊悔，也许我真的莽撞了。同学都走得差不多了，我刚要起身，又看到你折身回来了，心突然就开始狂乱不安地跳动起来，我猜测着你是想等同学都走完了再单独和我说话么？

你似没有看到我，从我身边经过回到你的位子上拿了什么东西又目不斜视地离开，走到门前的垃圾筐前丢了一张折叠的纸进去。等你走远后我走到垃圾筐前捡起那张被你丢弃的纸条，展开看到我的字迹，是我课间传给你的纸条没错。

我怔怔看着你走进夜幕中的背影，那一刻心中百味掺杂。

我不知所措地走回宿舍，迫不及待地找闺密倾诉，我担心的不是你怎么看我，而是你我也许会从此成为陌路人。

我担心的事情终究发生了，从此你不再与我谈笑，也不再与别人谈笑，每天都在默默地学习，也不参加集体活动。同学们都说你性子孤僻，不好相处，而我一直都不这么认为。你有自己的世界，只是不愿别人来打扰。

高三有一次分班之后我们两个隔得更远了，整整隔了一堵墙。是的，我们不在一个班了。见你的次数越来越少，有时候走在人群中会有意识地去寻找你的身影却再也没有寻到，回教室的时候会特意经过你们班，一个窗子一个窗子地看过去，却始终没有看到过你的身影。

直到高三下学期我才听同学说你已经不来学校了。我很惊诧，你的成绩一直很好，距高考也没有多久了，为什么就不来学校了呢？我借同学的手机给你打电话没有人接，发信息没有人回。从那以后我再也没有见过你，而你也从我的世界里消失了，留给我一堆想忘又舍不得忘的点点滴滴。

后来我就有了这个毛病，好像很容易就喜欢上什么东西，却又很容易厌烦那个东西。不是我病了，而是感觉不对了。那种感觉多一点、少一点都不行，所以我感觉到这个程度不对，便不会再去喜欢，就像这雨，我只喜欢微雨，再大一些或者再小一些就不是我喜欢的微雨了。

前年的一次高中同学聚会，我从一个学美术的同学那里听到一个关于你的消息，当然不是近年的，而是高三那年的。她因为是艺术生就去了外地学习美术，等她回来的时候你们的班主任安排她坐到了你的位子上，她收拾你的书桌的时候发现了你书桌里的一张漫画。你的漫画很好的，我见你画过。

她说，她真的很不理解你这个人，漫画是一个男生牵着一个女生，旁边是一座房子，房子上方是初升的太阳，可是两人的背后却是传说中的地狱模样，有鬼魂，有赤火，有铁锁，而那条锁链就拴在男孩的脚上，漫画下面有一行字：站在地狱里看天堂。她说，她没有看懂那幅画，她说她也是学美术的却理解不了你的思想，她还说她在你的书桌里还发现了没有吃完的精神疾病方面的药，具体治疗什么她也不知道。

我问她东西还在么，她说丢了。那一瞬间我突然对她心生不满，怎么就把你的东西丢了呢！

其实，这几年我每每见到高中的同学都会问一问有没有关于你的消息，从去年开始我就不再询问了。我知道再问也问不出什么了，你已经与高中的同学全部断绝了联系，你从我们的世界消失了！

我再过几个月就大学毕业了，我知道，我从你那得的病也该好了。

可我依旧会喜欢微雨，依旧会跟着心走。去爱我认为值得爱的人。不管你的处境怎样，我都希望你能被这世界温柔相待，能在这尘世获得幸福！

失败，只是成功路上踩歪的脚印

作者：亭后西栗

不是我们做得不够好，很多时候，我们只能如此。

但是，失败永远只是成功路上踩歪的脚印，

你要做的，是昂起头，信心满满地继续前进，

要记得，踩歪的脚印只是你的过去，

前方的一切，都会好起来。

飞飞的事业卡在了瓶颈。

毕业后，她在这家公司努力工作，精心策划，随着业务越来越熟练，她却步入一个怪圈。

她费尽心思拿出的创新方案，主管说："太超前，市场不容易认可。"

她努力克制改好的保守计划，主管说："没创意，市场不容易注意。"

主管口中的市场，成了飞飞的大敌。

市场这样，市场那样，市场总是瞬息万变，而飞飞在追求市场的道路上疲于奔命。

"张哥，你说市场到底是什么样的？"飞飞喝着咖啡，抵抗着越来越浓的睡意，用玩笑的口吻问。

"市场？很简单啊！市场是多样的，除了我们面对的主体观念，还会不断催生出新的理念和需求，所以要想抓住市场，是件很容易的事，我不明白你怎么总是不明白这个。"

"我也不明白。"飞飞闷闷地说。

她觉得自己被卡得难受，很多话，纵使有最好的朋友在身边，也不知该从何说起。

打破瓶颈的，是一个新的策划项目。

作为这次立体影像体验馆室内装修风格的策划人，飞飞干劲十足。

她在初稿提交前两日就做好了策划方案，交给主管。

很快，委托方传回答复。

"比较满意，请按这个方向继续深入细化。"

飞飞又一次加班加点。

"呦！飞飞，你最近瘦了啊！"同事说。

"啊，体重都长到策划案上了。"

"哈哈哈哈……"

飞飞本以为，这一次的计划也可以完美通过，却没想到直接被主管驳了回来。

"你这个不行，走得太远了，一个立体体验馆有背景就行了，加那么多喷水造雾，成本太高，就是我交上去客户会给我们返回来的。"

"可是如果减少这些装置，就谈不上是最新型的体验馆了啊！"飞飞试图解释。

"跟你说过多少次了，不要相信他们嘴上说的最新，你只管做好我们的事就行。"

飞飞拿着被驳回的策划方案，加了两夜的班，才达到主管的要求。

看着主管满意的笑容，飞飞却欲哭无泪。

"嗯，这样就好了吗！希望你的策划顺利通过。"

"希望。"飞飞说。

可是，就像飞飞说的那样。

通过，只存在于希望之中。

委托方的回复很简单："没有特色，缺乏新意，偏离最初的方案。"

收到这样的结果，飞飞丝毫不感到惊讶，但她的主管却不能接受。

"飞飞！你这次的策划到底怎么做的！"

"我……我按你说的做的啊。"

"我让你保守设计，没让你把之前的策划全都改了，你这是诚心在和我过不去是不是？"

"我没有，张哥。"

"不要叫我张哥！告诉你，要是这笔生意黄了，我让老板彻底扣光你的奖金!"

飞飞低下头。

她的基础工资不高,每月可观的薪水,一半以上来自奖金和项目分成。

张哥却还在说着:"策划是你自己做的,你难道不知道客户看中你哪部分了吗?我的话没听明白就拿回去乱改,改完不行还倒过来埋怨我,你看看你这是什么工作态度!"

"那现在怎么办?"飞飞问。

"怎么办?这还要我教你吗?马上回去重新做!"

"是。"飞飞转身就要走。

"等一下。"主管叫住飞飞,"交策划的时候,给我交上来一份检讨。"

"是。"

飞飞甚至没有问主管要她检讨什么,就头也不回地走出了办公室。

明明是主管自己胡乱指挥,她的策划才会被委托方退回来,现在却要怪在她头上。

飞飞虽然气得快要炸了,却一滴眼泪都没有掉。

第二天,飞飞走进主管的办公室,将一张打印好的信递给他。

主管疑惑地看看飞飞。

"检讨吗?检讨用不着这么快,你的策划呢?"

"你先看一下。"飞飞平静地说。

那是飞飞的辞职信,没有太多的理由,她只是说,自己无法胜任这项工作。

主管看完,良久没有作声。

飞飞就这样离开了工作三年的地方,飘回社会。她不打算再去计较什么奖金,也没想索要最后一个月的工资。

辞职后的第二天,飞飞就站在了曾委托她设计立体影像体验馆的那家公司楼下。

"对不起,我们的经理现在很忙。"秘书拦住飞飞。

"我知道经理都很忙,但我要和他沟通一下设计体验馆的事。"

"体验馆?经理正在和他们商谈啊!"秘书一愣,"哎你不能进去!"

飞飞已经敲一下门,一把推开了办公室的大门。

"李经理,您好。"飞飞说。

里面的两个人一起抬头看向她。

"经理,对不起,对不起,我马上请这位小姐出去。"秘书惊慌地进来。

"你是之前那个设计师,叫飞飞的?"李经理问。

"是的。"

"什么事?"

"关于我的策划方案……"

李经理摆摆手,打断了飞飞:"我不想打断你,但很遗憾,你的那套方案不适合我们。"

"那不是我的方案，而是主管理想中的方案，这份才是我的。"

飞飞走上前，将打印好的文件放在桌上。

李经理略一沉吟："这个，应该是你们那位姓张的主管负责与我们接洽吧？"

"是的，但是我辞职了，所以，这个方案现在是我自己的。"

李经理看了一眼沙发上的男人，说："可是飞飞小姐，我已经找到了其他的设计公司。"

飞飞不置可否地看了一眼沙发上的男人。

他年纪不轻，睿智的眼睛在镜片后闪着光。

飞飞不清楚，自己是不是这人的对手，但她打算拼一下试试。

"李经理，按照之前的合同，在我们三次修改策划案之前，您是不应该将这个项目转交给其他设计公司的。"

"但你已经辞职，李经理是否违约这个问题，应该由你之前任职的公司追究。"沙发上的男人忽然开口。

飞飞的眉心紧了紧，这个男人，果然是个不好对付的角色。

"李经理，我希望您先看一下我的方案。"

李经理狐疑地看看飞飞，拿起了那份文件。

看着看着，他的嘴角扬了起来。

他并没有翻到最后一页，便合上了飞飞的策划案。

"飞飞小姐，你可以走了，你不介意我留下这份策划吧？离开办公室之后，请你把你的电话留给我的秘书。"

飞飞大喜过望。

"真的？谢谢李经理。"

她微笑地走出了办公室，留下了自己的手机号码。

当飞飞跨出电梯走进大厅时，之前坐在沙发里的那个男人追了上来。

"飞飞小姐！"

"什么事？"

"我是一家设计公司的策划人员，你能把你的策划……"他看看周围，小声开口，"卖给我吗？"

"你在开玩笑吗？"飞飞笑着问。

"不，我是认真的，你开价多少？"

飞飞的脸严肃起来，她一本正经地回答："对不起，这是违反行业道德的，而且，这是我自己的心血，很抱歉，我不会卖给你的。"

"我会出很高的价钱，还可以向我的老板推荐你。"

"不用了，谢谢你的好意。"

飞飞说完，头也不回地走了。

留下那个男人目送她的背影，满意地微笑着。

下个周一，飞飞接到李经理的电话。

"飞飞小姐，你的策划案可以进入实操阶段了，不过，这种大型的装饰工程，我们还是希望与一家规模大些的公司合作，你上次说你辞职了是吗？"

飞飞的心里咯噔一声,她忙回答:

"呃,是的,但是我现在正在找工作,如果自己带着项目,应该也会很快入职。"

"是这样的,飞飞小姐,我有个朋友是做装饰工程的,公司的规模是你之前那家的几倍,你有没有兴趣到他那里工作?我和那个老板的关系很熟,不会出太大问题的。"

抱着试试看的心理,飞飞走进了圣斯凯乐装饰公司的经理办公室。

飞飞一下子愣住了。

坐在面前的男人,不就是那天向她买策划的"眼镜中年男"吗?

那个男人微笑地看着飞飞。

"飞飞小姐,这一次,你能把你的策划卖给我吗?我们可以月结,将来还可以考虑以年薪的形式发放。"

"可……可以。"

幸福的翅膀舞动狂风,吹得飞飞有些发蒙,连说话也结巴起来。

"那么,你在这份合同上签个字,这周就可以入职。我和李经理已经说好了,将你的策划案落在你名下,马上进入实操阶段,也会计入你这个月的业绩。"

"谢谢,谢谢!"飞飞幸福得热泪盈眶。

后来,飞飞曾经供职的那家装饰公司,因为经营不善效益下滑,被圣斯凯乐公司收购,而曾经颐指气使的张哥,成了飞飞的下属。

朋友们都说,飞飞混出来了。

飞飞却总是笑着摇头。

她说，在那个公司拼命工作，是她人生的一段失败经历。

她说，失败，只是成功路上踩歪的一个脚印，若你留在原地，就永远站在失败中，只有笑着昂起头继续走下去，才能走出失败，在成功的路上，留下一气呵成的足迹。

PART 4

不是没有挫折

是我们不轻易言败

人的一生就是一场没有回程的旅行，每个人的手里都只握有一张单行票，在尘归尘，土归土之前，人生的旅途中还要遇到很多问题，经受很多刻骨铭心的挫折和考验，病症，打击，丧亲，失恋，背叛，但真正能击垮我们的却只有自己内心的失衡，这世界上的存在，有很多东西是珍贵到无须考量的，只要相信，只要愿意，只要不轻易言败，不轻言舍弃，终会守得云开见月明，不负如来不负卿，就像他，一个自闭症患者的残缺世界里，却给了我们最原始真挚的感动，他相信，他的世界终会完美的，他对待病症的不妥协恰恰成就了他心灵的盈润与美好！

——慕白雨

不是没有挫折，是我们不轻易言败

作者：慕白雨

一笑倾人城，再笑倾人国，
微笑的魅力由来已久。
生活中，亦然如此，不是没有挫折，
只是我们不轻易言败，
学会微笑着面对一切来犯之敌。

8岁，他的母亲抱着医院开出的那张自闭症儿童诊断书独自哭泣。

他对母亲说："妈，别哭！我没病，医生骗人，你看，我们进了医院就都成了病人！"

16岁，他的初中班主任当着他的面告诉他的母亲，你家孩子的学习能力很差，考高中的成功率很渺茫，提前做好心理准备。他的母亲默默地流泪，他第一次大吼："老师，为什么你们对成绩好的同学那么好！却对我总是这么差！你再给我妈妈弄哭，我跟你没完！"

他拉着自己的母亲，消失在 5 月苍茫的雨季，他废寝忘食地在小房间里自学了一个月，考试结果下来了，他以高于最低分数线 20 分的好成绩考上了高中，他拉着母亲的手说："妈！走！让老师给你道歉！"妈妈摸着他的头笑了。他说："妈，你笑起来真美！我们不去找老师了！回家告诉爸爸去！"

20 岁，他抱着父亲的骨灰匣默默地走在一片哀乐声中，他没有佩戴黑纱，他说那东西是给活人看的，他的父亲没了，就是冉也看不见，摸不着了！他的母亲眼睛肿得像核桃，他哽咽地说："妈，你别哭！爸爸走了，我养你！你放心！"

23 岁，他爱上了大学社团里的一个小师妹，每天下晚自习都在活动室里素描练字。小师妹活泼可爱，多才多艺，很讨男孩子喜欢，一年后，便被一个帅气阳光的男孩追到手。他在女寝楼下焦急地等了几个小时，打算把那封 21 万字的日记情书送给那个小师妹，等来的却是小师妹室友传达来的一句话："对不起，她让你彻底忘掉她！"

他傻傻地怔在原地："我做不到！"

他把日记情书发表在网络上，不久就招致了很多的围观和评论，有人说他傻，有人说他痴情，有人说他不值得，也有人说他故意作秀！

他轻轻地敲击了下键盘，回复了八个字："我很爱她！舍不得她！"

不久，他被一家主打女性文化出版公司主编发现，顺利跟公司签订了合约，成了一名职业作家。他出版了第一本书，拿到了第一笔不错的稿费，他只留下一个月的生活费和买一个日记本的钱，剩下的钱全都寄给了他的母亲。

大学毕业后，他陆续出版了一个系列的青春文学图书，很受少男少女们的追捧，当然，别人眼中新锐作家的他，每天却过着陪母亲聊天买菜，看电视洗脚的平凡生活，一次，他收到了一个热情粉丝邮寄来的明信片，上面问他：

"是什么让您的小说表述得如此深情，如此纯粹呢？"

他铺开柔软的纸张，在上面认真地写了几个字："是我的妈妈，当然，还有她！"

30岁，他的母亲终于沉不住气了，对他说："儿啊！妈妈老了，也照顾不好你了，这么多年了，都是你在照顾妈，该给妈找个儿媳妇照顾一下你了吧！"

他对母亲说："妈，跟你在一起我就知足了！就让儿子陪你好好养老吧！"他安慰完母亲睡下，给母亲盖好被子，回到自己的屋子里，望着写字台上的照片发呆，玻璃框里，小师妹青涩靓丽的脸庞被他的手掌覆盖，他轻轻地呢喃了一句：

"你现在好吗?"

35岁,小师妹突然打来电话哭着对他说,她现在很不好,那个该死的男人欺骗了她,她的青春完了!她彻底成了个没人要的loser,她整整打了三个多小时的电话,对他宣泄了她这些年的不满与愤怒,他一直听完她的倾诉,然后安静地回了她一句:"你过来吧!我娶你!"

小师妹还是没有过去,她丈夫的公司就因为产品定位项目投资错误破产了,她的丈夫央求着她留下来陪他,心软的小师妹还是答应她的丈夫陪他一起还债。

40岁,夏威夷碧海蓝天的沙滩上,一场声势浩大的鸡尾酒会正在盛大举办,许多社会名流都如约到场。他穿着一身灰黑色西服挺立在临时搭建的礼仪台中间,身畔是身着珍珠白婚纱裙的小师妹,牧师一口西洋腔问小师妹:"林丽娜小姐,你是否愿意与于梓林先生缔结婚约,无论疾病还是健康,或任何其他理由,都爱他,照顾他,尊重他,接纳他,永远对他忠贞不渝直至生命尽头?"

"我愿意!"小师妹红着眼睛坚定地回答。

"于梓林先生,你愿意与林丽娜小姐缔结婚约,无论疾病还是健康,或任何其他理由,都爱她,照顾她,尊重她,接纳她,永远对她忠贞不渝直至生命尽头?"

"我愿意,只是我好像一直有自闭症,你知不知道。"

小师妹抿着嘴笑了笑说:"我不怕!"

他对着端坐在前面的母亲深深地鞠了一躬："妈，您的儿媳，终于等来了！"

幸福的语言都是相似的，不幸福的理由却各有各的不同。

50岁，他在庭院的藤椅上搭着画板描摹着他的小儿子逗鸟的情景，小师妹在给他的母亲换洗被单时，无意间从卧室的床底下发现了半张企业破产清偿单据，上面的法人签名是他。她大骂前夫这个王八蛋不是人！拿自己当要挟的砝码，掏干了他当年所有写书赚来的积蓄，当问及他此事时，他只是静静地摇摇头："你们都好好地陪在我身边呢！"小师妹紧紧地搂住了他的脖子，两个人一世安好。

人的一生就是一场没有回程的旅行，每个人的手里都只握有一张单行票，在尘归尘，土归土之前，人生的旅途中还要遇到很多问题，经受很多刻骨铭心的挫折和考验，病症，打击，丧亲，失恋，背叛，但真正能击垮我们的却只有自己内心的失衡，这世界上的存在，有很多东西是珍贵到无须考量的，只要相信，只要愿意，只要不轻易言败，不轻言舍弃，终会守得云开见月明，不负如来不负卿，就像他，一个自闭症患者的残缺世界里，却给了我们最原始真挚的感动，他相信，他的世界终会完美的，他对待病症的不妥协恰恰成就了他心灵的盈润与美好！

据说，达·芬奇画笔下让无数人为之心驰神往的那幅《蒙娜丽莎的微笑》，达·芬奇创作之初，原型主人公蒙娜丽莎正处在丧子之痛中，后来，达·芬奇费尽心思，请来音乐家和喜剧演员才使得倾世美人蒙娜丽莎展露出那一抹迷人的微笑。

　　一笑倾人城,再笑倾人国,微笑的魅力由来已久。生活中,亦然如此,不是没有挫折,只是我们不轻易言败,学会微笑着面对一切来犯之敌。

梦想指向，黑夜里的光

作者：伊达公主

儿时的我，总把你挂在嘴边，炫耀，自豪。

时间是个会魔法的老人，他给我们很多的礼物，

琳琅满目，嚣张的是满足。

而我，始终不愿丢失手中的你，

在荆棘中，闪耀的光芒。

面对策划案，段锋深深地叹息。

策划的主题，让他感觉很是棘手，他觉得那只能算是哄骗小孩子的语境，越长大，越苍白。

梦想。

盯着电脑屏幕上的两个字，仿佛有千万只小丑，在刷着屏幕，满

脸的嘲笑。

手指头一遍一遍地敲打着办公桌，段锋侧着脸，很是凝重。

晶晶：

很惊讶你给我发的 Email，我以为你早就忘记我这个老同学了呢。

你问我最近的生活？

还行吧，大学读了五年的医学院，毕业后却找了份美工设计工作，花了几千块钱培训，才考了一个半吊子的证书。好吧，我应该先写拿了证书再写我找了个半吊子的工作对不？原谅我，我最近脑子不好使。

嗯，基本上是这样。我走了一条大家都瞠目结舌的道路吧，我也觉得，可是我还是坚持了。

最困难的是找工作那会儿，拿着一个资格证去找工作，你知道我遇到的羞辱是怎样的吗？嗯，我想，我的厚脸皮，就是这样磨砺出来的吧。每天，在公交车里挤来挤去，我的足迹，快遍布整个城市了。

那段时间，真的过得很不好。

所以，当有公司要我的时候，我都差点哭出来了。

那是个很小很小的公司，专门是给书籍设计封面的，整个公司加上老板也就四个人，我做了所有的活儿。

我记得最惨的是，那天我来大姨妈了，痛经做事做到晚上三点，一个人骑自行车回家，我哭了一路。

可是，我坚持过来了，三年，三年啊，现在想想，我也是从一个软妹子一步一步变成了女汉子的。

我今天还有一批工作要做，下次再聊吧。

小范同学

段锋在高峰期的来势汹汹中，总算是挤上了地铁，拿着公文包，衬衫上已经汗斑点点。段锋的呼吸，焦灼得让人感觉急促。

"你别推我啊！"

"谁推你了啊！"

"你啊！"

"你才推我！"

充斥在耳边的争吵声让段锋感觉刺耳，他叹叹气，一连说了好几个"对不起"才从最门口的地域横跨到了中部地带。

坐在段锋面前的是个抱着小孩的妇女，她两眼无神地瞧着段锋，似乎能从段锋的后脑勺里穿透看什么东西。

同样盯着段锋的是那个小孩子，大大的眼瞳死死地盯着段锋，你越聚焦，越觉得全身疲惫。

段锋只能叹息一声，低着头，盯着自己的鞋底。

每次在地铁或者是公交上，被看和看，都是一种动物园式的怪异和紧张，段锋受不了。

也不知道盯着自己的鞋底多久，那抱着小孩子的妇女站起身，到站了。

今天竟然还有位置。

段锋窃喜了一下,理直气壮地坐了下去,带着男人的气息声,长长地叹叹气。

打开自己的公文包,取出已经闲置三天的策划案,依然一筹莫展,已经是第二次被主管骂了,这个月月底再拿不出来,就真的麻烦了。

段锋是个一直规规矩矩读书的大男孩子,他有梦想吗?有,挣钱,挣很多的钱,然后,花钱,花很多的钱。小时候的梦想,忘记了,但是自己确定应该也许下过一些很神经的愿望。

现实剪去我们的翅膀,却催促着快点前行。

"现在的年轻人,比我们老年人都还需要休息呢,我们老年人不就是年纪大了,身子站不稳吗,多站站没什么的。"

段锋虚无缥缈的眼神总算是从文案中抬起来了,眼前的大妈也同样虚无缥缈地盯着他看,两个人虚无缥缈地对视了几秒钟后,段锋站起身来,一句话都没有说,又在层层叠叠的人群中,挤来挤去。

晶晶:

你的回复字数真的好少好吗?好吧,或许你比我更忙,但是我觉得跟你聊天,真的很开心。

你问我为什么那么艰苦还是坚持了,如果换成别人,早就换工作了。

嗯,相信我,我一直跳槽的心,从未安分过。

你也清楚的，在我们的小城镇里，我家好歹也有两个门市做生意，也算是能自给自足吧。但是在这个繁华的大城市，我做了三年的设计工作，也就每个月三千都不到，你说，我到底是怎么坚持过来的？

学医，是我爸逼迫选的，我一点都不喜欢。

不知道你还记得否，初中那会儿，是你带着我进入我们县城唯一那家出租影碟小说的商店，你可知，那个时候起，我就喜欢上美术设计了。

嗯，我不敢告诉你，因为那只是我的一个小小的，梦吧。

想不到吧，一向乖巧听话的我，在工作上，跟随的竟然是自己的内心。傻吗？确实。后悔吗？有过。

最可怕的，还是压力吧。

我都毕业四年了，还租房住，每月月光，没有男朋友。但是你知道吗，我还蛮幸福的。每天再忙，回家我都会看专业的书，嗯，我心中有个不大不小的梦，很脆弱，我一直都保护着，保护着。

我知道你会问，我的坚持有用吗？有用的，我前不久收到了美院研究生的录取通知书，这恐怕是我这些年来，最大的福气了。

我把福气也给你。

小范同学

段锋吃着方便面，盯着电脑屏幕上的字句，突然没有了胃口。

他环视了自己的房间一眼，满地的脏衣服，开着的两台电脑，咖啤，方便面，然后呢？

走到落地窗前，段锋踱来踱去，他想点烟，却找不到打火机。

电脑里放的是舒缓的歌曲，段锋从未有过的孤独感，竟然袭来。

他是个男人，一个什么事情都往肚子里吞的男人。他没有女朋友，有一两个好哥们儿，大家聚在一起，各种吐槽工作的坑爹和生活的无奈。

他有点慌，却也抓不住到底哪里慌。

他思忖再三，最后还是回到电脑前，点击了回复的按钮。

小范同学：

你好。

其实我不是晶晶，我也不知道你的邮件为什么会发到我的邮箱里。如果第一次回应只是我的恶作剧，但是后面的交往，我很感激。

说实话，你帮了我一个很大的忙。你信中的每一个字每一个词，都诠释了我一直缺失的力量，梦想，对，原来这个东西，可以很具象，不仅仅是个美丽的新娘。

我叫段锋，也出来工作三四年了，在一家公司上班，混得不好也不坏。我想和你成为朋友，因为你的身上，有着的梦想的力量。

等待回复。

段锋

按了发送键后，段锋长长地呼出一口气，自己从未这样紧张地写一封信，他也对自己的失常行为笑出了声。

躺在沙发里，他竟然有一种放松感，音乐很美，空气，很暧昧。

他沉沉地睡去了，在失眠了两个星期后的今天。

电脑自动弹出了新的邮件。

小范同学发来的，内容只有一句话：

神经病！

失败不是你的错,自卑却是你的过

作者:幽蓝

踏雪而行,冰凉的雪花自由地飞舞,周围也突然安静下来,
天与地之间,仿佛只剩我一个人和漫天飞舞的雪花,
没有任何约束地飘舞,没有羁绊,只是安静地存在,
雪安静地下着,我安静地看着雪飘落。

自卑是一种生活态度,对生活的不积极,总是缺少了欢笑和自由,少年时代就有一道无形的枷锁,锁住了我,也锁住了外面世界的鸟语花香。直到遇见了他,解开了枷锁,告诉我,在这个世界上,每一个人都是独一无二的,就像世界上没有完全相同的叶子一样,我是一束不一样的焰火,迟早会放出不一样的光芒。

突然而至的初雪,带来洁白也带来悲凉。几片枯黄的树叶还来不

及掉落，零星地挂在树梢上，雪大片大片，无声无息地落下来，落在我的身上和我的心里，永远。

踏雪而行，冰凉的雪花自由地飞舞，周围也突然安静下来，天与地之间，仿佛只剩我一个人和漫天飞舞的雪花，没有任何约束地飘舞，没有羁绊，只是安静地存在，雪安静地下着，我安静地看着雪飘落。

一丝尘封了很久的回忆，在雪的相伴下，飘出了脑海，想念那个时候的雪，虽然寒冷，飘扬着青春的懵懂和天真，那天的雪也是来得这么突然，这么安静，在思绪翩翩的青春年华。

一

书很好看，小说，沉迷在书中的世界，忘记了现实的痛苦，一部小说，就是一个缩小的世界，你方唱罢我登场，而我就是旁观者，追随着小说书中的男、女主角们的步伐走向故事的结束。一切都在合上书页的那个时刻，结束了一段段相同又不相同的人生故事。

书是问朋友借的，新朋友，学校的图书馆就跟摆设一样，只能借到有限的几本书，而且大多是学习用的书。只有在朋友之间借阅。每次借到一本心仪的书，我都会很开心，时间也过得很快，不觉得难熬。

合上书，仰望天空，悠闲的白云，无限制地自由飘荡，书中的人物，如在眼前上演着一幕幕的故事。我站在故事外面看，情人的相识到相看两相厌，宫殿的建成和颓废，世事无常，人生无常，抬起头，永恒不变的只有那空中的白云，和蓝色的天空。

认识你也是偶然，因书结缘。那漂亮的书橱，一排排崭新的书籍，让我欣喜若狂。眼巴巴地望着最爱的书籍整齐地排列着，呼唤着我。就这样，我认识了你，我看到世上最温暖的一抹微笑，这微笑带给我关心和爱护，绽放在你高大、帅气的嘴角。你住在我朋友隔壁，朋友家的书全都被书痴的我借阅了，连最枯涩的工具书，也看完了，虽然有点看不懂。然后陪着朋友闯入了你的世界。看着你书橱里面琳琅满目的书，在我的眼中，那就是一座宝库，渴望的目光不停地飘过去。"要不要拿本看看啊？"耳边传来你温柔的声音，我才清醒过来，看了看旁边的朋友默许的眼神，开心点了点头。

因书结缘，一句温暖的话语，温暖了 16 岁的我，今生与你相识，莫问是缘是劫。

二

"对不起。"我哭着，拿着手中被母亲撕碎的书，跟他道歉。

母亲，一个本该亲切的脸庞，却总是带给我深深的伤害。因为酷爱看书，学习成绩有点下降，不小心被发现在看小说，暴怒的母亲，撕毁了跟他借来的书，并让我自己去处理后面的事情。买新书还他，我没有钱，只有无措地哭着向他道歉。

"没事的，不哭，傻女孩。"他拿过我手中破碎的书，"这本书我都看过几遍了，也不想看了，坏了就坏了吧。"他取出手绢，递给依然哭泣的我。

他的关怀让我的眼泪如潮水般泄出，也许他并不在意，也许他在意只是为了安慰我说不在意，也许有太多的也许，但书坏了，我心中的痛却是无法弥补的。

"不哭，不哭，不就是一本书嘛，哭得都不漂亮了。"他逗着我，透过泪眼，看着他关怀的眼神，心无法抗拒地跳了一下。

也许这就是爱情，朦胧而羞涩，神秘又激动，让人甜蜜又温馨，那个时候，不懂爱，只是怕靠近，因为我就像一只丑小鸭，活在一个吵闹的家庭，只有在书中找寻快乐。

三

"玲，最近怎么没有来借书，我又买了几本好书，你们女孩子肯定喜欢看。"

"最近在准备考试，不敢看。"我看着他微笑的脸庞，心中一阵阵抽痛，我多想念那些书宝贝，可惜，我怕它们被母亲伤害，我也怕他被母亲伤害。书中的爱情故事告诉我，我和他之间发生的就是爱情，他迷恋的目光，让我温暖，但也让我害怕。我们两家距离并不远，站在我家的门口就能看到他家的房顶，母亲也感觉到了我的心，察觉到或许与他有关，站在门口指桑骂槐，半真半假地说过。我退却了，不想伤害无辜的他，对我那么好的他，也告别了我的宝库。

本以为这段爱情就这样消失在萌芽，我依然沉迷书中的世界，伟岸又善良的他可以去寻找温柔美丽的她。

却不知道，爱情不是想当然就可以改变。爱了就是爱了，外表再怎么淡定，他和他的书总会徘徊在我的脑海，他爱怜的目光，如清甜的露水，滋润着情感上干渴的我，我如小兔般的胆怯，也让他从来没有跟我表白过，只是他做的比说的多得多。

"我带你去一个地方，来。"他看着犹豫的我，"来吧。"

"好。"他霸道地邀请着，而我欠他很多很多，只有同意。不知道前面的路会是怎么样。有他，我不害怕，只是怕伤害到他，自卑的我就是一个伤害源，伤害着每一个靠近我的人，越关心我，会被伤得越重，我自己造了一个蜗壳，独自躲在里面暗伤。

四

他骑车带我来到了家附近的一个小公园，美丽的公园，清澈的湖水在微风的吹拂下，水波荡漾，湖的四周绿茵茵的树木和成丛的鲜花争先恐后地绽放着。

离开狭小的居民区，仰望天空，湛蓝湛蓝的，一切都是如此充满生机，让我年轻却已经死去的心不由自主地加快了跳动，青春的脸庞上露出了喜悦的笑容。

他静静地看着闭着眼站在湖边享受清风的我，笑容不由自主地绽开在他同样青春的脸上，他慢慢地牵起了我的手，一种被电着的感觉，我急于摆脱，他更紧地抓着。"玲，我喜欢你，做我女朋友，好吗？"我的头脑瞬间一片空白，也忘了收回自己的手，傻傻地看着他火热的目光，涨红又紧张的脸庞，我傻傻地看着离我越来越近的脸庞，他的嘴唇覆上我的，冰凉的有点湿润的感觉，我傻了般地呆立着，他伸出手，抱紧了摇摇欲坠的傻掉的我。

"做我女朋友，好吗？"他抱着我，看着我的眼睛再一次问道。

忽然清醒过来的我，推开了他的怀抱，离开他一步远，看着他被伤害的眼神，我又不忍心。"对不起，我不知道。"我想哭，带着哭音回答他，我真的不知道自己该怎么回答。

"没事，我等你。"他试图再一次拉起我的手，我躲掉了。他笑笑，也没再强求。他领先一步向湖边走去，我跟在后面，松了一口气，不过遗留在唇上的甜蜜，在他看不到的时候偷偷笑了起来。

五

在不懂爱的年龄被你爱上，我真的很开心，甜蜜地享受着你的爱，像一首朦胧的情诗，韵含着我们纯纯的爱，浓浓的情。我们的爱情就像夜空中绽放的绚烂烟花，每一朵都是如此的美丽动人，更像挂在枝头的青苹果，诱人心弦，咬上一口，涩涩的，酸酸甜甜的滋味，让我回忆至今。

分开在不经意间到来，母亲诅咒着爱情，告诉我男人都不是好东西，在我耳边教导着我，远离男人。当然，我只是听着，不去反驳。

爱情让我迷醉，总是在不经意间傻傻地笑。母亲发现了我的不同，也发现了他。无情的骂声，从她毫不留情的嘴边蹦向无辜的他，仿佛他是那个拐带幼女的流氓，左邻右舍也知道我和他的事，而他的家人也在指责他，怎么会惹上我家。

我哭了，不是因为我自己，因为伤害到了对我那么好的他。我选择了逃离。

那天，我穿着塑料拖鞋，这样母亲才不会怀疑我走了多远，秋天还没有过去，我和他相约第一次相见的小公园，我要告诉他我的决定。

"我们分手吧。我不爱你。"我低着头说道，不敢去看他的受伤的眼神，然后迅速地转身离去。离去的路上，天上突然飘起了雪，瞬间白了天地，也是这样的安静，一如我的心，被冰凉的白雪尘封起来，在某个相似的环境中缅怀一下他和那天的那场雪。

纵然情深,奈何缘浅

作者:一水间

她说,"姐姐也喜欢锦添啊,你就放心好啦,
姐姐结婚后还是那个疼爱你的阿眉姐姐。"
他很想像班级里女生叽叽喳喳讨论的八点档电视剧里演的那样,
凑上去给她一个吻,之后便不由得她不明白。
此间心事,以吻封缄。

  三月里的琅瓷古镇到处都弥漫着杏花湿润的香气,酥雨倒成了一把把油纸伞下曼妙身影的点缀。顾眉欢看着眼前这个不知道是从哪里冒出来的小家伙,指着柜台橱窗上的一个人偶奶声奶气地对她说:"你能把这个借给我看看吗?"

  那是一个穿着宝蓝色藏青袍子的玩偶。虽是木雕的人形,穿上顾

眉欢给做的外袍，却比百货商场里所谓的进口玩具不知道要精致了多少倍。

"好啊，那就借你看看吧。"顾眉欢笑吟吟地将柜台的人偶递给这个穿着小衬衫领口打着红色蝴蝶结的男童，想着也许是哪家游客走散了的小孩子，等下父母应该就要找过来了。于是她一边等着孩子的父母寻来，一边给手中的长袍袖口上绣上细密的云纹。

果然没过多久，孩子的父母便一路寻来，看到小家伙正在兴致勃勃地拨弄着手中的人偶，原本吊在嗓子口的一颗心才安然放下。

"宁宁，你怎么能乱跑呢。刚刚走丢了知不知道爸爸妈妈很担心的。还不赶快谢谢阿姨，对了，这是我们夫妻俩的一点心意。"接着便是皮包拉链被拉开的声音，然后是抽出纸币的哗啦声。

顾眉欢听到这话时刚好绣完一道云纹，结尾时不小心叫针刺破了指头，她吮吸了下手指头，抬头看了他们一眼，淡淡道了声："他只是跑到我这里玩了一会儿，为什么要给钱我？我这里又不是托儿所。"完全没有之前对男童浅笑盈盈的模样。

她这副淡淡的模样倒叫方才正准备酬谢她的夫妻俩陷入了尴尬的状态中，身穿鹅黄色连衣裙的女子拿着手中的钱给也不是，放也不是，捏着钱的手简直不知道要放在哪里。可顾眉欢却好似完全没有看到这些，依旧眯着眼睛绣着她的衣服。随后又想起了什么，对着那男童伸出手道，"你把那玩偶还我吧。"

男童却将玩偶牢牢地抱紧在怀里，仿佛她才是那要夺人心头之好的恶人。

"你当初说是问我借的对不对？那么借人家的东西是不是要还。"她也不顾男童双眼含着泪泡可怜兮兮的模样，顺带偏过头对着那对夫妻俩，"收起你们的钱，这个木偶我不卖，对了，这店里的衣服我也是从来都不卖的。"

是了，这店里的儒衫长袍她是从来都不卖的。

这女子既然话已至此，男童的父亲便冷声呵斥道，"宁宁，把东西还给人家。"可男童将玩偶搂得更紧，见状男童的母亲又耐心哄道，"宁宁乖，把这个还给阿姨，妈妈给你买其他好玩的玩具行不行？"不料男童听了这话却是号啕大哭。

顾眉欢心顿时被这哭声弄得烦乱起来，刚想说话之际却听得男童一边哭一边道，"我就是要这个玩偶……我要把它送给锦添舅舅……这个玩偶……和锦添舅舅一模一样…你们都不帮他过生日……可是我要帮他过……呜呜……我要送他生日礼物……"

锦添，这两字落入她耳中如若雷击。

11年前。

琅瓷古镇上的顾记裁缝店老板顾良初在凌晨上县城去送货的途中，捡到了一个穿着白色绸衫的男童，看样子是与父母在途中走失了。顾良初守着男童在附近的路口等了半天，直到黄昏。

在这过程中他问过男童许多话，可是男童只是睁着一双水汪汪的眸子无辜地看向他，他忽然意识到也许男童并不是与父母走失，而是因为哑巴而被丢弃。

那孩子有一双似小鹿般惹人怜爱的眸子，顾良初注视着这双眸子忽然就想到了自己家的小女儿。妻子因难产早逝，这么多年便是他与女儿一起过，他想着也许可以给女儿添一个玩伴。

"你愿意和我回家吗？"他弯下腰笑眯眯地对着男童道，"是我的家，不过你要是愿意，也可以把那儿当作你的家。"见男童的眼珠悄悄转动着，他明白男童听懂他话的意思，只是还在犹豫之中，于是他又加上一句诱惑道，"家里没有别人，不过有个小仙女。"

果不其然，在听到小仙女后男童的眼睛里立刻折射出异样的光彩，迟疑了一会儿后便缓缓地点了点头。

于是15岁的顾眉欢突然有了个小自己8岁的弟弟。

顾眉欢永远记得初次见到他的时候，眉眼精致温软白皙，那一瞬间，她以为自己见到了一个活生生的玉瓷娃娃。

尤其是那双墨玉般粲然生辉的眸子以及眼角下一颗精致小巧的泪痣，配着雪白的皮肤，说不出的清秀，此刻目不转睛地看着她。她自是不知道自己已经成了父亲口中的小仙女，而男童目不转睛地看着她便是在确认她是否就是男子口中的小仙女。

在看到少女朝他温柔弯起唇角的时候，他终于相信男子的话，这个家里有一个小仙女。

"我叫顾眉欢，眉毛的眉，欢笑的欢。"她说自己名字的时候，一边用手指划过自己的眉毛，一边两手又在嘴旁比划出半圆的弧度。

"所以知道了吧，我的名字就是快乐的意思。你可以叫我阿眉姐姐。"

说完她期待地看着男童，顾良初还没来得及告诉女儿他不会说话时，男童竟然开了口，脆生生道，"阿眉姐姐。"

顾良初惊讶地看向男童，可男童却没有将目光从他女儿身上转移，只听得他用充满童稚的声音问她，"阿眉姐姐，你真的是仙女吗？"

"当然不是啊。"她不明所以，更没注意到旁边一直使眼色的父亲。

"我就知道他是骗我的，这个世上本来就没有仙女的。"不知为何，看着男童溢满泪珠的双眼，年少的顾眉欢突然心中一痛，于是她柔声道，"我不是仙女，但是我是你姐姐啊。"

她满心欢喜地做着他的姐姐，可是却未想过这个以后口口声声叫她姐姐的人却并不愿意她只是自己的姐姐。

虽然只是个小镇，但是顾良初在办理领养手续时却没有丝毫含糊，等到所有手续都办完时，他十分激动地告诉锦添，明天他就可以和眉欢一样，去上学了。

是了，他之所以将手续办得这样齐全，也是存了想让锦添能够按常规上学读书，他是真心将锦添当作自己家孩子来养着的。

忘了说，关于锦添这个名字是顾良初在领回他的当晚便给取上的，寓意很简单且直白，就是锦上添花之意。

那些日子里，顾良初看着两个清秀俊俏且听话懂事的孩子时，在睡梦中也总是忍不住笑出声。

在锦添 15 岁那年考上市一中的时候，他特意关掉裁缝店一天，带着梁锦添和顾眉欢坐了两个小时的火车到 B 市最为著名的酒楼里吃上一顿。

这时候的顾眉欢已经大学毕业两年，因为两年前的毕业作品一件将中国古风与时尚元素相融合的长衣设计意外得到了米兰著名设计师 Aro 的赏识，成为中国时尚圈里小有名气的服装设计师。

吃饭的过程中，顾良初看着左边已经出落得亭亭玉立事业已有小成的女儿和右边更是俊美至极且天资聪颖的养子，心下自然是高兴得不得了，连带着也多喝了好几杯黄酒。酒喝多了，之前想问却没说出口的话此刻便顺理成章地问了出来，"眉欢啊，什么时候把人家小伙子带回来给我瞧瞧啊，爸爸好给你把把关。对了，还有你弟，也帮你把把关。"

身穿父亲亲手所制的琉璃色淡兰纹旗袍，将头发用一根桃木簪子松松挽起的顾眉欢笑着应了声"好啊！"却全然没有注意到身旁少年在听到这句好时情不自禁地握紧了拳头。

她不知，她自是不知，她怎会知？

她甚至都没有注意到他已经很久没有叫过她姐姐了。可是这又能代表什么呢？他拼命地学习，不仅是怕辜负养父的期望，更是想追上她的脚步，只是年龄的差距和这所谓的"亲情"枢纽，让她从未考虑过自己。也是，怎么会有人想到朝夕相处的亲人会以男女之情来爱上自己呢？

他曾经想过，如果永远地和她成为亲人也未尝不可，只是这份永远也只是自己的一厢情愿。

于是他惶恐不安的那一日终于到来，在他18岁那年，她终于嫁作他人妇。

只是上天似乎是与她开了个天大的玩笑，新婚当日新郎因车祸事故而当场死亡，白色的嫁衣一日之内成了丧服。

痛失独子的新郎父母痛不欲生，她却浑身冰冷。

她惊恐而绝望地看着向自己走来的绝色少年，默默地祈祷着他不要说不要说，可是祈祷却失了效。"眉欢，不要伤心，我会照顾你的，一辈子，我会照顾你一辈子。"

恍惚中，她听见自己稀薄的快要被空气穿透的声音，"不要。"

顾锦添，不，应该是梁锦添了，就在前一个月里，B市著名的梁氏集团总裁突然派人到琅瓷小镇要寻回自己流落在外的儿子。偏远如琅瓷小镇自是不知道两个月前梁氏集团总经理梁益辉在一次户外极限攀岩中出了意外丧生。爱子死了，于是他这个私生子自然要水涨船高。

他以为摆脱了姐弟的身份也许自己就有机会，可当他鼓起勇气告诉那人自己喜欢她时，她当时说什么了？

那时她在试礼服，简单至极的款式却让她穿出了倾城的味道。

她用带着白色蕾丝手套的手摸了摸他的头发，仿佛他还是那个眸似小鹿般清澈的男童。

她说，"姐姐也喜欢锦添啊，你就放心好啦，姐姐结婚后还是那个疼爱你的阿眉姐姐。"他很想像班级里女生叽叽喳喳讨论的八点档电视剧里演的那样，凑上去给她一个吻，之后便不由得她不明白。此间心事，以吻封缄。

可是当他打算这么做的时候，她却没有再给他机会。因为，他的姐夫来了。

那是个长相和气质都十分平凡的男人，见到他时还讨好地唤他"锦添少爷"，在看到眉欢微微皱眉时，他忽然有些庆幸有些侥幸，也许自己还有机会。

原本是直接拒绝上演与梁氏集团总裁骨肉相认的虚伪戏码，不过因为一个人，梁锦添突然觉得就算再恶心也是值得。

可如今，她终于相信自己是喜欢她的了，可是却用着极其冷静的语气告诉他，"你只是我的弟弟，我们永远不可能在一起。如果你真的爱我，请你离开我。"

他怔怔地看着面前神色决绝的女子，一时无言。

原来自己多年来的爱恋对她来说只是永不可能实现的、虚无的梦，他忽然明白，自己就算再怎么做，穷尽此生也不会再换来她的一个回眸。

"你的锦添舅舅是不是长得很好看，就像这个人偶娃娃？"

不顾男童父母诧异莫名的眼神，她执着地问着，甚至于愿意拿出之前视之如命的人偶娃娃给他，只希望能从他口中得出关于那人一星半点的消息。

多年前她因为失去未婚夫悲伤不能自抑,口不择言逼得他远远离开,不想再有半点联系。

两人在一起,她觉得自己愧对逝世的未婚夫,不在一起,她愧对自己,更愧对了他的爱。有时候,人很难面对真实的自己。

终于等到你了，还好我没放弃

作者：尔雅

去过不同的地方，听过许多的故事，

越过山，路过桥，看过云，

我在这个有着千万种可能的星球上遇到了你，

上帝对我如此慷慨，而我亦是如此幸运，

终于等到你，还好我没放弃。

"我的意中人是一个盖世英雄，我知道有一天他会在一个万众瞩目的情况下出现，身披金甲圣衣，脚踏七彩祥云娶我。"当工作人员帮叶寒穿好礼服，叶寒突然想起了紫霞的台词，唇边不由漾起一个微笑，本就白皙的皮肤在穿上这件水晶钻饰半身鱼尾婚纱后更显出高贵与矜持的气质。叶寒打量了一下立身镜中的自己，工作人员缓缓拉开遮幔。像是所有偶像剧中演绎的场景，叶寒看到了林远眼中的惊艳。右手在空中转两圈，弯下腰，在叶寒的手上烙下轻轻的一吻。"我的公主，愿意与我携手走尽人生吗？"

叶寒与林远在大学相识，蜕下了高中的单纯与稚气，叶寒身边的女孩子面对感情开始变得游刃有余，更愿意以现实的角度思考归属，也开始懂得如何从别人身上拿到心中想要的东西。叶寒不屑于这些，就算时光如梭，现在就变得如此世故，那么日后所处环境复杂起来还得了，她宁愿迟点成熟，只求现世安稳。叶寒学的是新闻采编与制作专业，与大众舆论接头，工作领域大致是类似报社、广播电台的新闻媒介机构。叶寒虽不喜欢撰写新闻稿，无奈专业为之，也尽心尽力把每份作业做好。有一次，老师布置的作业要求自拟人物采访内容，通过借助现代化设备整理对话，要求有新意有创意，成绩会影响每个人的期末评分，希望大家严肃对待。叶寒一听题目傻了眼，她在大学里熟悉的就几个舍友而已，找不到合适的人采访啊，纠结了几天，每天早上照镜子都觉得自己周身散发黯淡的气息。眼看着身边的人渐渐都有了素材，心里更急，在QQ上和好友抱怨。好友跟她同校不同专业，便给她支着，也因为这个她认识了林远。

因为好友和林远关系不错，林远碍于面子只好答应作为人物采访对象。叶寒至今记得她见到林远的感觉，好似从未见过这样的男生，一瞬间就拟订了采访标题——陌上人如玉，公子世无双。好友见她失态，打趣地说她见到林公子魂都没了，叶寒收回目光，不好意思地笑了笑。美术学院的学生会主席，绘画获奖无数，待人温和谦逊，叶寒并没有为笼罩在他身上的光环影响得喜欢多了一分，的确一见钟情的是脸，可叶寒更愿意把这理解为缘分。在她看到他的一瞬间，突然开始期待起未来，说来像是天方夜谭，可真实感受确实如此。采访结束后，叶寒便有意无意地打听有关林远的一切，好友洞悉了她的心思，聚会时会带着她，叶寒会制造一次又一次看似巧合实则精心等待的偶遇，这些努力使叶寒在林远面前的曝光率大大加强，混个脸熟的下一步就是真的熟络起来。林远人缘很好，追他的女生也很多，可他一直保持单身。叶寒好奇问他，他故作神秘地一笑，"因为我还有更重要的使命要完成。"叶寒被这调皮的笑容暖得微醺，呆呆地问是什么啊。林远拿起手上的书轻拍了她的脑袋，一脸严肃，"拯救地球……"冷场几秒后，空气中立刻爆发出两人的大笑。

　　叶寒没想过对林远表白，他向来是说一不二之人，承诺在大学里不谈恋爱，不想深究那是推辞还是真心，即使两人算得好友，也没有信心林远为她打破原则，既然陪伴是最长情的表白，那么她盼望着在她努力与林远并肩而立的时候，有一天，他会停下等她。叶寒有个不是缺点的缺点，就是太认真，无论是生活、学习还是感情。那日林远无心说出对他来说更重要的事情，她当真相信了，她想弄清楚那是什么，这样她才好紧紧跟随。闲暇时，叶寒会胡思乱想，她从未见过林远脆弱、迷茫的样子，每次见他总觉得温暖、坚定、雄心勃勃，可是林远也是人，是人就会有消极的时候，她好想回到过去，伴随他的成长,将他经历过的所有苦痛平分。可想法终究是想法,她无法亲临他的过去,只能好好陪伴他的未来,即使她不知道这种陪伴到哪一天就结束了,因为不确定所以更加珍惜。

真正拉近两人距离的是那次地铁站的偶遇。叶寒从未见过那样的林远,深情的整个人都沐浴在陶醉中。叶寒突然就明白了他所谓的对他重要的事。世纪光年,他坐在地上自弹自唱的样子永远刻在了叶寒的脑海中。叶寒不忍打扰他,等他背起吉他准备离开的时候才出现。看着面前言笑晏晏的叶寒,林远惊讶地说好巧。

叶寒自豪着打趣他:"哈,超人,在拯救地球呀!"林远愣了一下,哈哈地笑了起来。

去超市买了啤酒,坐在广场的台阶上聊天。"你唱歌很好听哎!那首歌是你作曲填词的吗?"

林远的眼神里透露出微微的得意,"是啊!"

"真厉害啊,画画又好,唱歌又好,能力又好,简直就是家长口中别人家的孩子嘛!"

林远淡淡地笑了一下,站了起来,豪气万丈:"我,林远,总有一天要出一张唱片,开一家属于自己的唱片公司!"

叶寒被他影响,也大声地宣告:"我,叶寒,会一直站在林远身边,永远支持他,不管他生老病死还是怎样!"

林远取笑她:"你傻不傻,宣告的是自己的理想啊!理想!"叶寒跟跄几下,笑着打他,不回答。林远,你怎知那不是我的理想,我一直心心念念的不过是未来有你，不管生老病死，贫穷富有。

日子如流水般平缓度过，转眼到了毕业。叶寒因为笔试面试表现出极强的专业素养，加上姣好的面容和气质，成功地留在市内一家知名的电视台，工资不薄，足够她养活自己。她本以为林远会进入某个公司或外企继续从事绘画类的工作，可林远固执地选择走音乐这条路。因为不确定因素太多，家里本对他期望颇高，无法忍受他做出这样的决定，一致反对，身边的朋友也在劝他认清就业形势。而他是铁了心地坚持，即使没有资金支持，也要朝着梦想努力。失去了资金来源，林远只好去一家酒吧兼职，最初经常会被老板骂，林远坚持自己的原创歌曲，顾客们却会点一些低俗无聊的口水歌，林远不愿意唱，站在台上，倨傲得如同一尊雕像。老板也无奈于林远的秉性，好在他唱歌不赖人也很帅，渐渐赢得了人气，也就默认了他的原则。叶寒每天下班后会带些啤酒，坐在台下安静地听他唱歌，在他结束后去他租的小单间里畅谈畅谈人生。

有时候叶寒站在有些逼仄的狭小空间，忍不住问他有没有想过放弃，林远正在厨房里炒菜，铁锅翻炒的吱啦声突然停顿了一下，林远淡淡地说："叶寒，是不是连你也质疑我的选择了？"叶寒觉得委屈，声音被油烟味呛得有些哽咽，沉默了许久兀自叹了口气，"这是你的选择，我无权干涉，只是看你现在这么辛苦有些难过罢了。"林远将菜装盘，开了瓶啤酒，"青春不老，梦想不死，相信我，一切都会慢慢变好的。"叶寒看着眉目轻狂的少年，打开啤酒，笑了。从她认识他这么久，他一直都是赢家。

然而，事实却不如设想的那样，林远将原创唱片寄去各个公司，满怀期待却几乎销声匿迹，日复一日的等待，一次次失望后再崛起，叶寒始终陪在他身边，陪着他坚守。可是期望总是落空，林远也难免质疑自己的选择，但还是不想放弃。酒吧的生意由于换了一个老板，大肆改革下熟客几乎弃店，经营惨淡濒临破产，无奈下林远只好辞职。中途辗转几个酒吧，辛苦不说也没什么发展前景，经济亮起红灯，连温饱都成问题。

那天叶寒生日，林远攒了半个多月，去卡地亚买了一条项链。为了给叶寒惊喜，林远请假待在家里置办，捧了束花去了叶寒的公司楼下。满心欢喜却看到叶寒和一个男生举止亲密，互相拥抱后叶寒上了那个男生的车。林远说不清当时的心情，只是缓慢地走回出租屋，步履坚定，手中的花随手赠给了小女孩。那晚叶寒去找林远，屋子里却早已没有了生活痕迹，叶寒打了无数个电话给他，委托身边所有的人际关系，得到的回答却总是模棱两可，叶寒不知道自己做错了什么，在不经意间丢了一直爱着的人。

两年后，叶寒被临时指派进行人物采访，心中觉得奇怪，自己是新闻专业出身，可从未做过类似采访的节目。感到压力之余也认真，采访对象是一个新晋唱片公司的总裁，在收集信息的时候，对方公司却守口如瓶，害得她只能以先生作为代称。叶寒看到"唱片"二字，心中不禁觉得有些苍凉，她已经整整两年，没有见过林远了。采访那日正巧是叶寒的生日，叶寒却无暇顾及。到了公司，叶寒经秘书带领进了总裁办公室，看到坐在沙发上喝着咖啡的熟悉身影，手里一抖，原先准备好的稿件纷纷扬扬地散落一地。似是听到声响，沙发上的人朝这边看来，叶寒看到朝思暮想的人朝她轻轻一笑，一瞬间，叶寒的世界春暖花开。

采访结束后，林远和叶寒去了之前的广场，坐在台阶上喝着啤酒，一如当初的模样。叶寒曾经设想过无数次与林远重逢的场景，真正发生的时候心里只有平静。

"这两年过得还好吗？"

"还不错，摸爬滚打总算有点成果了。"

"当初为什么不告而别？"林远看了下手表，故作神秘地让她等等，默数着五、四、三、二、一，砰的一声，广场中央的喷泉喷出巨大水花，巨大的LED屏幕上赫然印着叶寒的名字。叶寒惊讶地看着这一切，有些不知所措。

"叶寒，生日快乐。"说完轻轻地为她戴上当初的那条项链。"这条项链是我两年前就买好的，可是我觉得现在才有资格帮你戴上。"叶寒看着胸前的坠子，海蓝宝石散发着魅惑的光芒。"我知道那时候我没有能力承诺，所以我拼了一个未来，既是为了梦想，也是为了你。我知道你未必不能和我同甘共苦，但我总觉得，一个男人不该让喜欢的女人陪着自己辛苦。两年前的今天，我站在你公司楼下，看到你进了别人的车，那一瞬间我突然明白，我没办法给你任何东西。回到出租屋后，我接到了深圳一家大型唱片公司的邀请，连夜去了深圳，发誓要闯出一片天，而你变成了我的动力。"

叶寒看着林远的眼睛，有些哽咽地问："林远你是不是很辛苦？"

林远摸了摸她的头，"现在我稍微不那么辛苦了，所以你愿意陪我一起吗？"

"其实，那个男生追了我好久，后来他说决定放弃我了，作为朋友一起吃了顿饭而已，没想到竟然被你看到了。"林远似乎没有料到这样的解释，愣了片刻继而微笑，"所以，你愿意吗？"叶寒看着爱了这么多年的男人，踮起脚，在他唇上轻轻一吻。

去过不同的地方，听过许多的故事，越过山，路过桥，看过云，我在这个有着千万种可能的星球上遇到了你，上帝对我如此慷慨，而我亦是如此幸运，终于等到你，还好我没放弃。

别怕，春天一定会来

作者：暖思

喜欢每一次雨过天晴，青草的芳香，微湿的地板，
温和的阳光，一切都是那么新。
春风来，燕子飞。我从未到过江南，而江南早已入了我的梦。
我想我大概是见过的，
那一片烟雨朦胧、缱绻秀丽的景致。

  我想每一个微笑到极致的女子，在心里都会有一段不为人知的伤痛，一段被时光掩埋的秘密，一段被岁月深深刻薄过的日子。

  已经记不清了，是有多少日子，我被失眠困扰。夜深人静，听到自己每一次呼吸，每一次心跳的频率，仿佛滴滴答答的小秒针。害怕入睡，害怕在梦里看见一些人，一些奇怪的场景。

再次见到妹妹的时候，她笑得很甜，我为她的笑容而不禁伤感，因为，那笑容里带着多少劫后重生的味道。除了那一份久违的微笑，还有她变胖了，从原先的95斤增至140斤，一头乌黑靓丽的头发也剪短了，鹅蛋脸也变成了圆脸，对于一个爱美的花季少女来说，多少是残忍的。

她生病的那一年，16岁，被医生确诊为交替性抑郁躁狂症，整个人失了心智，整天说着胡话。那时候，母亲在医院昼夜陪伴着她，许多人说，像她情况那么严重的，能保住一条命就不错了，而我不信，我觉得，上天不会如此残忍，她一定会好起来。

长达两年的治疗，艰难而痛苦，其中心酸，难于言喻。她出院的那一天，我刚好在家，她见到我，欢喜地拉着我的手说，阿姐，你看，我胖了好多？我只好安慰她，不怕的，等你以后你好起来就可以减肥了，我想胖都难呢！

那一天，其实我很想哭，但我还是忍住了。她终于可以正常地和我交流了，谢天谢地，这已经是一件多么幸运的事情了。她18岁的生日，母亲带她去街上买了两件她喜欢的衣服，她打电话告诉我，她说，姐，妈妈给我买新衣服了。我在电话里，祝她生日快乐，她嘱咐我，说要好好读书，等以后工作了，给她买许多好看的衣服。我说，好啊！

那个瞬间，我知道，悲伤都已经过去了。

在某个午后，拉开窗帘，阳光正好，天空中，几只飞鸟划过。

我看到那棵桃花树开得正好，大朵大朵，粉而妖娆。春风来，桃花开，我原就喜欢这样的瞬间，即便它的花期很短很短，在我心底，便是璀璨。如此简单，没由来地喜爱，有时候，说不上为什么。总归是要去拥抱阳光，拥抱自己，自己不对自己好，又有什么资格说活得美丽，活得优雅。

生活大概就是这样，甜酸苦辣，五味陈杂，说不上的悲，说不上的喜。

只是还会想起，过去的一些片段，一些小时候的片段，简单的，单纯的，亦如抬起头看着天空，看飞机飞过的瞬间，看流云散去。

又想起，田间开的一片一片的油菜花，那么美，那么美。

我觉得思绪像是被插上了翅膀，我从过去思索到如今，又从天上望向大地。

喜欢每一次雨过天晴，青草的芳香，微湿的地板，温和的阳光，一切都是那么新。春风来，燕子飞。我从未到过江南，而江南早已入了我的梦。我想我大概是见过的，那一片烟雨朦胧、缱绻秀丽的景致。

或许，我是看见过那个女子，涂着红而艳的丹蔻，着一袭牡丹旗袍，在古朴的小巷里穿行，留一缕清香。

划过时间的流里，我听见生命的旋律，在春天里。

学会接纳不完美的自己

作者：张静雯

不要再担心"想起我不完美，你会不会，
逃离我生命的范围……"
真正爱你的人一定会先接纳你的不完美，
因为有个重要的前提，那个前提就是：
你先接纳了自己不完美的一面，以真诚、真实示人，
你此刻给爱人呈现出的自我才是最真实完整的自己。

"想起我不完美，你会不会，逃离我生命的范围……"写下文章的题目，脑海中浮现出陈奕迅这句歌词，没有一个人是完美的，我们总会担心自己的不完美影响了别人对自己的看法，尤其在爱的人面前，会露怯、会心虚。

  我有一个无论是第一眼还是第二眼看都当之无愧"美女"这个称号的朋友，她肤白个儿高又苗条，大眼睛高鼻梁，最为关键的是她那一张天生的巴掌脸，常常被人问是不是削了颧骨打了瘦脸针，这该有多骄傲啊。

  然而有一天我们见面时她一脸的不高兴，再三追问，原来是单位来了位礼仪培训师，对所有职工进行礼仪培训时，她被叫到前面做示范。是的，朋友亭亭玉立，站有站姿坐有坐相，做示范也是预料之中。我正这么想着，她忽然愠怒道："那个女人，最后竟然说我的腿是歪的。"继而沉入深深的伤感中。

  我说："可是，你的腿是那么细那么直啊。根本没有歪。"她没回应。

  我说："真的啊！"她依然没反应。

  "也许那个女人是忌妒你的年轻美丽！"最后我急了。

  ……

  我说这三句时，她一直保持沉默，一脸失落。自此以后，这竟成了她的一块心病，但是在我眼中，她的腿真的不歪，即使有点不够笔直，我认为和她的美丽比较起来也是不足为挂的。但她念念不忘，有时买裤子裙子时竟然也会反复比较，哪一件显得腿直一些。

  我暗自摇头，我和你们想的一样，这世界上、生活中有多少事比一句话值得我们去在意，但是她偏偏就被这句话所制约。归根结底，影响每个人自信心的最大障碍是我们自己放大了自身的缺憾。

除此之外，对我们影响更大的则是对自己内在不完美的质疑和不满，不够聪明、没有足够的能力、不够优秀、无法在自己的职业生涯中有所建树、努力了但离目标依然很远……这些心理暗示会让我们日复一日地消极，并把这种消极状态带入到工作学习和生活中，因为我们无法预知目标实现的可能性和时间，于是将注意力放在了自以为会影响实现的不完美之上。

在生活中，我们对待他人的不完美往往表现出大度的一面，因为我们被师长和书籍告知：人生而不完美。可是这件事到了自己身上却成了一个魔障，阻碍的不仅仅是心灵的自由，更是前进的脚步。

我想，很多人都给自己在心中设定了一个100分的形象，并且努力着去照着那个形象塑造自己，没错，通过努力，我们越来越接近那个形象，70分、80分、90分、95分……越来越接近100分，但就是难以实现，这是为什么呢？应该是没有看清自己最真实的一面，没有真正地认识自我。我们费了九牛二虎之力去扮演自己希望成为的形象，付出巨大的精力，紧绷着弦，最后却不但焦虑于自身无法达到100分，还要顾及是否会有外在的目光正在严厉地注视着自己。能不累吗？

何不面对自己最真实的一面呢？何不学着接纳不完美的自己呢？

用自然、平静的目光去审视自己，找一面镜子，对着镜子看身体某处的一部分赘肉，不要嫌难看，看清楚了，这就是自己的身材，它不完美，但是它是真实的你的身体；问问朋友家人对自己的评价，请他们说说自己的优点，也请说说缺点，在了解清楚缺点之后，一定再请他们给出建议。找一张纸,列出认为自己优秀的一面,我们说,不要妄自菲薄,让那些优秀的特质散发出宽容与接纳的光芒,让这光芒照亮我们消极阴暗的一面。

曾有很长一段时间我对自己很不满意。我孤僻、害羞、没有一技之长,小学时不会跳皮筋,没有参加过一次文艺活动;中学时是体育课上全班唯一一个不会前后滚翻的学生。大学一年级和二年级时一上舞台就脸红,黑黑瘦瘦的外表其貌不扬,但这一切在大三却悄悄发生了变化:有一次买衣服,售货员对我说过:"你皮肤这么白,什么颜色都穿上好看。"我一笑而过,又不是傻瓜,售货员这么说肯定是让我买她的衣服嘛,但是从那时起说我皮肤白的人竟然越来越多,难道真的是女大十八变吗?

当对于自己的缺点已全然接受时,生活却给我意外的惊喜,它给我一份宁静的内心,它让我能够在宁静中去思考;它给我不多却非常优秀的良师益友,让我在很多方面得到了提升和指导;我不喜欢、不习惯在大众面前展示自己,却在自己最喜欢的舞台上找到了一席之位,我读书、写作……原来那些我曾认为最难以接受的"缺点",现在正慢慢用一种特殊的力量塑造着我的人生,原来在另一个时候,它们竟然变成了"优点"。我曾抗拒过的那些,正是塑造了我的现在。

这是从什么时候开始的呢?

也许,当我能够正视自己的所有缺点时,这些"缺点"便开始了它们积极的意义。不抗拒、不压抑、不掩饰、不做作、不刻意压抑,正确面对，它们就会成为优点。敞开心扉，承认和接纳不完美的自己，其实就是拥有完整的自我，这是一件多么重要的事情。

我们要理解、理性地看待，去包容自己天生不完美的一面，先让自己接受自己，再把自己交给世界，看哪，这就是真实的我，不完美的我，但是却依然努力、勤奋的我。

索甲仁波切在《西藏生死书》中写道："我们记不起自己真正的身份——本性。因为狂乱和害怕，我们到处寻找，胡乱抓一个认同者，却抓到一个正掉入深渊的人，这种虚假无知的认同就是我们平时说的所谓的'自我'。"

承认和接纳自己的不完美，是对自己最深刻的认识，只有学会了接纳和包容自己的不完美，我们才能在人生路上迈出更准确更稳健的脚步。

不要再担心"想起我不完美，你会不会，逃离我生命的范围……"真正爱你的人一定会先接纳你的不完美，因为有个重要的前提，那个前提就是：你先接纳了自己不完美的一面，以真诚、真实示人，你此刻给爱人呈现出的自我才是最真实完整的自己。

你曾说，我是你的我

作者：亭后西栗

当你我终于在人海中错过彼此，
我眼中的你，成了回忆。
而那个披上嫁衣的我，却成了你心中永不能忘的我。
当光影飞动，你还是你，我已不再是曾经的我。
于是，你将我放在心底，微笑着，目送我远去。

"我爱你。"

"我也爱你。"

坐在爬满常春藤的教学楼外，被蚊子和幸福环绕，文英靠在华烨肩上，闭着眼睛微笑。

华烨喜欢给文英写一篇又一篇动听的情话：

"不要觉得自己不美,我觉得你很美,因为你是我的你,只有我能看到你的美。

"当我住在你心里,我感动着你内心的善良;当我走遍你的脑海,我惊叹着你头脑的聪慧,而当我终于沿着你的心脉,小心地触碰你的灵魂,我屈服于你的完美。

"于是我跪拜在你的裙下,渴望着你那圣洁的灵魂,从你的芳唇走出,轻柔地抚摸着我的脸,我的心,我的生命……"

文英最喜欢的,便是那句"你是我的你"。

你是我的你,因为你在我的心间,你便是世上最特别的那个人,是我的你。

华烨的家境并不好,相比文英,他就是个穷孩子。

于是他只能拼命读书,盼望着走入社会时,能有一份稳定高薪的工作。

得知两人将恋爱谈得火热,文英的母亲还专程到学校来,对华烨进行了"全面考察"。

"文英啊,华烨这孩子呢,确实不错,可他家里负担太重啦!家里有个弟弟不说,以后老人年纪大了要搬出来到这边住,你们照顾得过来吗?要是不出来,你们回去一趟多远啊!"

"妈,你想得太多啦!"

"这怎么是想太多呢?我想得够少了。"

整整一下午,文英的母亲都在唠叨,最终的结论,是他们应该早些分手，对两个人都好。

那天晚上，文英躲在被子里，哭了整整一夜。

"文英，眼睛怎么红成这样？"

华烨一眼就看到文英红肿的双眼，他伸出手，轻轻揉着。

"没怎么，没事的。"文英笑着说。

"你妈妈不喜欢我，是吗？"华烨问。

"不是的，你想多了，我妈没有，我妈她……"

"如果我是你妈妈，我也会嫌弃我自己。谁都想自己的女儿嫁个好人家，而我呢？我有什么？我能给你什么？"

文英伸出手臂，抱住华烨的腰。

"你还有我啊！有你的我，世上最特别的我。"

华烨笑了，他宠溺地摸摸文英的头，将她抱紧。

"是啊，我还有你呢。"他贴着文英的长发，轻声说。

临近毕业，压力就像新入油锅的面圈，一下子炸开，转眼变得好大好大，就像那个傍晚，在爬满常春藤的教学楼外环绕着他们的蚊子和幸福一样，铺天盖地地砸来，让文英无处藏身。

家里一次又一次的电话，都在催促她尽快分手回家去。

文英在电话里，只是哭。

每一天，她的眼睛都是红红的。

后来，催促无果的父母搬出文英的哥哥，让他在繁忙的工作中抽时间到学校找华烨。

哥哥和华烨谈了整整一夜。

第二天，文英看到，华烨的眼睛和自己一样，也是红红的。

"华烨，怎么了？"文英的心里，升起一种不祥的预感。

华烨站在茂盛的常春藤下，数着叶子，慢慢说：

"我们，分手吧。"

"为什么？凭什么？"文英哭了。

她连酝酿情绪的时间都免了，在家人的挤压下，她随时都能哭出来。

"我什么也给不了你，和我一起，你只会不断吃苦，但你本来不需要这样。"

"我自己愿意！"文英哭着喊。

"文英，我不愿意。"华烨走上前，抱住文英，"我不愿意你跟着我受苦，你哥哥说得没错，如果我真的为你好，我应该等自己更强大时，再回来找你。"

"可是，我可以陪着你一起啊！"

"文英，你愿意等我吗？等我回来找你。"

文英使劲点着头，在华烨怀里，在那片青绿的常春藤下。

文英和华烨分手了。

文英回到父母身边，有了一份稳定的工作，而华烨，和几个朋友出去打拼。

文英常常给华烨打电话，却是沉默多过聊天。

她总是忍不住问他："什么时候回来？"

你什么时候回来？什么时候回来娶走我？

华烨却常常沉默。

他很忙，很累，甚至忙得没有时间想念，累得没有力气倾诉。

文英会在夜里流泪，当她想起常春藤下的阳光，还有在学校时，单纯美好的爱情。

她的身边有很多追求者，她的同事，父母好友的儿子，还有，她的老板。

文英也会想象，远在异地的华烨身边，是不是也会是这样的花红柳绿。

"别傻了，我忙得连睡觉的时间都没有，哪有工夫看这些？"华烨在电话里发笑。

"可是我这里就很多啊！"文英还是有些不放心。

"那，有没有你觉得合适的？"

"你说什么呢！"

"好了好了，我逗你的，逗你的，别生气。"

华烨的买卖慢慢稳定下来，刚多了些休息时间，他便又开辟了新的生意。

所以，他总是忙，而文英，便总是一个人独自起床，再寂寞地入眠。

当她生病时，华烨正在监督装修；

当她悲伤时，华烨正在签署合同；

当她思念时，华烨刚刚倒头睡下；

当她拨他的电话，却是提示关机。

一晃又是几年过去。

文英的父母拿出劝诫她和华烨分手时的气势，催促她结婚。

文英却还在等着华烨。

"你到底什么时候能忙完啊？"

"哎，这种事，哪会有忙完的时候。"华烨无奈地说。

"那我怎么办？"

"你？"

"是啊！我，我们家现在天天追着赶着让我马上结婚。"

"……"

"华烨，你有没有听到我说什么？"

"我听到了。文英，我这边忙，回头再打给你啊！我先挂了。"

还是和每次一样匆忙挂断的通话，文英的眼泪流下来。

第二天，文英红着眼睛去上班。

"文英，昨晚没睡好？"她的老板问。

文英摇摇头，尽量让自己微笑得看起来美好一些。

从那天起，每个早上，文英的桌上都会冒出温暖的东西。

一杯温热的牛奶，一盒表情丰富的饼干，一袋五颜六色的糖果，或者，是一张老板手写而成的当天工作布置，幽默又风趣。

每次看到这些，文英都会忍不住微笑起来。

她会偶尔接受老板的邀请，在下班之后共进晚餐，聊着和工作不相关的笑话。

她也会常常想起华烨，在老板送她回家的车后座上。

她过着他们曾梦想的生活，在酒足饭饱后的夜晚，驾车经过灯红酒绿的商业街，可是驾驶位上坐的，却不是华烨。

"华烨。"

"文英啊，我等一下再打给你好吗？"

"华烨，我有事和你说，如果你不能保证等下会打给我，你最好安静听完。"

"你说吧。"

"华烨，有人向我求婚。"

"……"

"华烨，我的老板今天向我求婚……"

"然后呢？"华烨的声音在电话的那一端，不为人所察地颤了一下。

"我答应了。"

"……"

电话的那一端，不再有声音。

文英默默地放下手机。

三个月后。

文英披上了嫁纱。

在婚礼的前一夜，华烨赶来了。

华烨见到了文英的未婚夫，那是一个很有风度的男子，他热情地招待了华烨，并在晚餐的中途借故离开了。

安静的客厅里，只有文英和华烨两个人。

"华烨，有什么话就说吧，过了今夜，就没有机会了。"

"我还能说什么？难道要瞒着你的未婚夫，向你求婚吗？"华烨苦笑。

"你也……可以啊。"

文英知道，很多前男友都曾这样做过。

但华烨摇摇头。

他站起来，跪到文英面前，从口袋里掏出一个小盒子。

那是一枚钻戒，上面的钻石，不比文英第二天要戴上的那颗小。

"文英，把手给我。"

文英伸出了自己的左手。

"傻瓜，是右手。"华烨低声说。

他将那枚戒指，轻轻地戴在文英右手的无名指上。

郑重地，看着它慢慢滑向指根，慢慢地，圈住文英纤细的手指。

接着，他牵着文英站了起来。

华烨瘦了很多，也成熟了很多，在咫尺之间，文英仰视着他，仰视着自己错过的曾经。

下一秒，她被华烨轻轻地抱在了怀中。

华烨就像曾经一样，温柔地贴着她的长发，轻声说着：

"文英，我爱你……无论你走到哪里，你永远都是我的你……祝你幸福。"

在华烨已经变得有些陌生的怀抱里，文英失声痛哭。

半夜，文英的未婚夫走进卧室。

文英安静地躺在床上，看着他。

"睡觉吗？"他问。

"你过来一下。"文英说着，举起了自己的右手。

她的未婚夫俯下身子，微笑地握着文英的手，认真地看着她无名指上的钻戒。

"我真庆幸，能从这么优秀的男人身边，将你追到手。"

他开心地说着，在那枚钻戒上，落下温柔的一吻。

在华烨新婚的贺礼中，文英找到了一张卡片。

依然是熟悉的字迹，熟悉的美好：

"亲爱的，愿你永远被珍惜，被疼爱，被温柔包围，愿你永远是那个，世上最特别的你。"

教学楼上的常春藤，还在爬着，生出一片又一片永远也数不清的叶子。

当你我终于在人海中错过彼此,我眼中的你,成了回忆。

而那个披上嫁衣的我,却成了你心中永不能忘的我。

当光影飞动,你还是你,我已不再是曾经的我。

于是,你将我放在心底,微笑着,目送我远去。

PART 5

懵懂岁月里

我曾深深爱过你

有时候乌雨真想回到19岁，不无理取闹跟他吵架，阻止男孩的脚步，不让他在那辆车驶过来的时候救下自己，或者，至少要告诉他，自己真正的心意。你想回到19岁吗？有个声音在她耳边问。当然想。乌雨这样回答，就算是再见他一面，那也是她所奢求的。乌雨眼前一阵眩晕，再睁开眼时，她已经站在一条马路之上，望着身边来来去去的人群，突然觉得这个场景有些熟悉。她低头看了看自己身上的白T恤和牛仔短裤，这是她已经很多年没有过的装扮。

——十七氿

离别是一首悲伤的歌

作者：楼雨辰

年复一年，我在懵懂无知中慢慢蜕变，
我越来越能理解爸爸妈妈的处境和心情，可怜天下父母心，
我学会了感恩，学会了对生活充满希望与热情，
因为我知道，有一种特别的爱陪伴在我身边，从未远离。

人潮拥挤的车站里，那几乎令人缺氧的空气，我艰难地越过一堵又一堵的人墙，穿梭在拥挤的人群中，不断地翘望，只为看到那最渴望见到的人。

好不容易挤出车站，左顾右盼，心急如焚。蓦地，一声呼唤让我惊喜万分地回过头去，看到爸爸妈妈一脸欣喜地朝我招手，我忍不住飞奔过去一把抱住他们，满足写满了我们的脸。

正当我们准备回家的时候,一声爆竹声吓得我不由得抖瑟了下,回头一看,我忍不住笑了出来。原来是一群孩子在玩鞭炮,过年的氛围越来越浓烈,新年的团聚让游子和在家的父母都格外兴奋。

再美的风景,也比不上回家的路。我越来越能体会到这句话的意境。

除夕夜,全家人围在一起看春晚,守年夜,跟爸妈畅聊新一年的愿望与计划。大年初一开始,便是忙着拜年走亲戚,虽然忙,但是心却是充实满足的。

大年初五,天空竟下起了雨,我的心也笼上一层离愁。放上音乐,选了一首《车站》,淡淡离愁的旋律响起,我也不由自主地陷入这悲伤的旋律中:"无情的喇叭声音声声弹,月台边依依难舍心所爱的人……"

窗外的雨渐停,天空的颜色却依旧灰暗。转眼间,年已过。人们也陆陆续续地离家开始新一年的打拼,多少不舍埋藏在心底,成了最原始的动力;千丝万缕的思念盘旋在心间缠缠绵绵。团聚的背后隐藏了多少离别的辛酸与泪水,而这一切都在背起行囊转身的刹那变得无言,只剩下那抹落寞的背影踏着沉重的脚步缓缓地往站台走去,数不清多少次的转身回眸。而身后那双盈满热泪的眸子透过人群望着那个孤寂的身影,千里之外,是期盼、牵挂与想念。

爆竹声响起,点燃了新年的氛围,开始了新一年的期盼,我的心也随着那一声声的爆竹声雀跃起来。烟花燃尽,黑夜似乎也恢复了以往的宁静,仿佛那一切的热闹都未曾发生过一般,如昙花一现的璀璨。

"舍不得"三个字成了最沉重的话语，再多再多的舍不得也留不住时间匆匆的脚步。回家前那激动的心情还在心里奔腾着，蓦然回首，却又要踏上那离家的车程，强忍住的泪水在泛红的眼眶中不停地打转，紧紧咬住泛白的下唇，露出一抹牵强的笑意，好痛好痛，才发现，离别的思念才是最痛苦的。

天空始终不见光亮，阴暗低沉，我听着那一首首的歌曲，往事一幕幕，尘封的记忆，如海浪般汹涌地袭来，坐在寂寞的窗前，在舐舐着无边的孤寂与离别的愁绪中，不断重叠的往事，心深陷在轮回的记忆中无法自拔。

记得5岁那年，那是一个阳光耀眼的午后，金黄色的麦子随着微风轻轻摇曳，舞出最飘逸的舞姿，那一片黄，是那样地醉人。那年爸爸妈妈工作请假回来五天的时间，虽然只有短暂的五天，但却是我童年里唯一的温暖。那时候我才知道，原来在父母身边的感觉是那样幸福，那样美好。以前当看到别人家的孩子都在爸妈身边撒娇的时候，我只是默默地走开，小小的心灵里埋下了落寞的痕迹。

幸福的日子总是过得太快，转眼间，又是一个离别的日子。那时候的我还不知道为什么爸爸妈妈要离开我的身边，他们一直告诉我，因为要工作，因为要赚钱养家，因为要给我过更好的生活，可小小的我依旧不懂。我哭着闹着不让他们离开，却阻止不了列车驶去的速度，那时候的我，竟傻得追着列车跑。幼稚的我只知道，我不想爸爸妈妈走。我希望他们能陪在我身边，当我哭了，能抱抱我，当我笑的时候，能够亲昵地亲吻我的脸。

深刻地记得，那时候的我不停地哭着、追着、喊着，悲伤的泪在我的小脸上乱窜，我胡乱地用手擦掉，嘴里一直重复着一句话：不要走，不要走。一个趔趄，就跌倒在冰冷的地上。好痛好痛，如同我的心一般，痛得快无法呼吸。

我的童年里更多的还有等待，等待爸爸妈妈回来，等待他们兑现那句"过年的时候，就回来陪你"的承诺。漫长等待中，年复一年，那句承诺就这么搁浅了十年。

那时候的我一直不能理解他们，我失望过、哭过、闹过，十年的等待却等不回一次短暂的团聚。

直到15岁那年，我来到他们工作的城市，来到他们与这座繁华都市格格不入的房子，直到我看到他们满脸的疲惫，直到当我要回去的时候，他们红着眼眶企图追赶列车的身影。坐在车上的我，转眸望着他们不舍、悲伤以及无奈的神情，我才渐渐体会到，当初他们是怀着怎样的心情踏上那离别的车站。

我不舍眷恋的目光紧紧地锁住他们落寞孤寂的身影，我多想不顾一切地下车，冲进他们的怀里，紧紧地抱住他们，可是我不能。滚烫的热泪滑出眼眶，滴落在手背上，灼痛了我的心。看着他们的身影离我越来越远，直到消失在泪水模糊的视线中，我的心复杂万分，是悲伤、是不舍、是落寞、是孤寂。

那一刻我终于体会到，他们离开我转身上车时的心情，那样刻骨铭心的疼痛。

年复一年，我在懵懂无知中慢慢蜕变，我越来越能理解爸爸妈妈的处境和心情，可怜天下父母心，我学会了感恩，学会了对生活充满希望与热情，因为我知道，有一种特别的爱陪伴在我身边，从未远离。虽然生活让我们不得不分离两地而不能团聚，尽管我们总是让离别的戏码不断上演，但是悲伤的离别中是一种爱的表现。在地球的两端，他们为爱而打拼，而我，为爱而坚强。

悠扬的旋律传来："在你离开我远去的时候，我才懂得何为珍惜拥有，离别的眼泪在我心里流……"

一转身,已经是一辈子

作者:楼雨辰

很多时候,当我们拥有爱的时候,我们不会去珍惜,
不会想到过,原来这份爱是来之不易的。
只有在失去的时候,才发现,
原来一转身,已经是一辈子。

　　他和她,相识在一场朋友的聚会里,并不是像电视上一见钟情的那种,两个人相识了两个月,才慢慢擦出了火花。

　　他说,她是他见过最善良最可爱的女生。她说,他是她遇见过最好的男人。

　　两个寂寞的灵魂就这么走在了一起。热恋是美好的,甜蜜温馨。电影院、小公园、出租房、热闹的大街上都曾留下他们相拥的身影。

她最爱腻在他怀里，即使不说话，她也觉得幸福。那种像被父亲呵护，又是情人间的亲密让她感到满足。偶尔她也会闹闹小性子，当他不在她身边的时候；当她感觉孤独寂寞的时候；当她没有安全感的时候，她都会耍耍小脾气，只是想他能够稍稍安慰她，给她一句安心的话语。

这是他们第一次真正的大吵，因为她看到了手机上许多前女友的照片，她本来就是一个很敏感的女生，这个事实让她发狂。脑子一片混乱的她拿着手机就去质问那个男人，而男人的解释更是让她抓狂：留着恋爱过女友的照片，以后给自己的孩子讲讲过去的事情。

男人的回答让她失去了所有的理智，所有曾经的孤独、不安、恐惧全都涌上了心头，男人的话就是一条导火线，让她就此爆发了。她吵她闹，面对她时常的怀疑与不信任，男人也发狂了，他说这样的爱太累，就让所有的痛苦结束吧。

男人提出了分手，女孩纵然心痛，但是她也有她的骄傲和自尊，她忍下所有的委屈和泪水，尊重他的选择。

就这样，曾经相爱的两人就这样分开了，就在他们分手后的一个月，女孩车祸去世了。当男人知道这个死讯的时候，他回到了女孩的城市，出现在她的葬礼上。在他出现后，女孩的闺密把一本日记本交到了他的手中，告诉他，这是女孩的心愿，希望他能看完这本日记，因为女孩所有的感情，所有心里说不出口的话都写在了这本日记里。

当男人看完这本日记的时候，男儿泪早已控制不住地滚滚落下。他才知道，他从未真正去了解过这个自己深爱的女孩，原来她所有的不安、她所有的不信任，只是因为她缺乏爱、她渴望被爱。从小没有得到过父爱母爱的她，比谁都渴望被爱的滋味，而他，对于她的不安与恐惧，只做出了最残忍的决定。

当初的一转身，已经是一辈子。

爱情的世界里，没有谁对谁错。是什么让原本陌生的两个人走到了一起？又是什么让曾经相爱的两个人形同陌路？

爱情的出现需要缘分，经营爱情需要信任。爱情没有输赢，又何必去分个高低？若是因为一个误会就分手，错过的就是一辈子的遗憾了。

恋爱是这样，婚姻也是如此。

身边曾发生过这样一个故事：

一个男人在一无所有的时候，他爱上了一个女人，他爱得很深很深，男人曾经对女人说过，如果她愿意，他会在十年内打出一个江山给她。

女人答应了。不顾所有人的反对，坚决陪着男人一起打拼。那时候他们没钱，只是租了一个不足十平米的小房子住，两人摆了一个摊子，每天起早贪黑，日子过得很艰苦，却也很甜蜜，因为两个人相爱相守在一起，那就是幸福。

短短五年的时间，小摊的生意越来越红火，随后的几年，他们陆续买了房子、车子。男人做到了，他真的在十年内打出了一个江山、一个王国给女人。

可是，女人却是不快乐的。他们没有孩子，每天女人在家里精心准备好饭菜，却等不回来那个与她一块共享的男人，孤寂的夜晚是她最受折磨的时候，漫漫长夜，只有她一个人，空荡的房子，安静得让人害怕。多少个无眠的夜晚，她独自落泪，却得不到男人的一句安慰。

之后不久，女人知道男人在外面有了情人，她没有哭，没有闹，只是淡淡地笑了笑，不予理会。

男人看她没有吵闹，更加放肆了。因为在他心里，他知道，女人不会离开他，一定不会。

没有人知道女人是什么时候离开他们的家的。某一天，当男人感到有些疲累回家的时候，原以为会闻到饭香，原以为早已经有人为他放好了洗澡水，原以为会有一个女人一直在等待着他，可是，迎接他的，只有满室的凄凉与空荡。回到他们的房间，他看到了梳妆台上放着的，是一份已经签上名字的离婚协议书和一枚戒指，还有，当年他写给她的那封情书。

当她的爱被消磨殆尽，当她的情在无数个无眠等候的夜晚中荡然无存的时候，当她决定离开不再爱的时候，蓦然回首，却是一辈子的悔恨。当男人绝情转身的瞬间,注定了是一辈子的无法挽回。

  很多时候,当我们拥有爱的时候,我们不会去珍惜,不会想到过,原来这份爱是来之不易的。只有在失去的时候,才发现,原来一转身,已经是一辈子。

再没有人能如你般爱我

作者：十七氿

乌雨一直记得当年她坐着同一班列车离开这里的晚上，
她看着窗户外面不断向后远去的风景，
家乡的樟树落下的叶子，一幢幢红墙绿瓦的民居，
还有那一条，他们曾经一起走过无数遍的上学路，
心里就在想着，或许这一辈子，她都不会再回来这里。

乌雨下火车的时候，夕阳刚刚落山不久，火烧云染红了家乡半边的天空，一如她离开这里的那一天，灿烂的热烈，有种决绝的让人心动的美丽，却又不禁从心里生出些许感伤来；在这样的美丽后面，随之而来的黑色的夜晚，总是让人更加难过。

乌雨一直记得当年她坐着同一班列车离开这里的晚上，她看着窗

户外面不断向后远去的风景，家乡的樟树落下的叶子，一幢幢红墙绿瓦的民居，还有那一条，他们曾经一起走过无数遍的上学路，心里就在想着，或许这一辈子，她都不会再回来这里。那么多喜悦，那么多伤心，在那个男孩离开的时候，都被带走了。

那时候她带着对这个地方的满心怨恨离开，在外的这么多年，开心过也流泪过，在很多人的城市里面，一个人在夜晚的街头独自游荡，很孤单，却也越发地开始想起那段时光。

从儿时而来的感情，因为那时候太小了，所以总觉得她爱着的孟时光几乎就是她的全部，每天大部分时间不是跟他在一起就是在想他，那时候恋爱多么简单，快乐多么单纯，喜欢就是喜欢，不需要任何原因和理由，也不需要去想太多的未来。仿佛跟他在一起，不管去哪里都是甜蜜。

就算是到了此刻，她依然感谢，感谢孟时光给予了她那一份刻骨铭心会永远记忆在她灵魂之上的两情相悦，但是，人生有太多东西变化了，无法弥补的变化，她回不到过去，在她承受不了失去的时候，只能够黯然远离，期待时光能够淡去她心上的伤痕，可以做以前那个不通世事纯净如水的剔透少女。

她遇见他的时候，在一个秋日的午后，如同很多校园爱情一样，她跟他在那段青葱岁月里面相爱了，后来又因为很多很多事情吵架，分分合合好几次，一直到那天，她真正地失去了他之后，她才知道，自己究竟有多么地喜欢他。

乌雨站在孟时光的墓前，手里捧着桔梗花，看着墓碑的照片上那个依旧带着浅笑的男孩，他的生命一直停留在了 19 岁，她失去了他，在她跟他还相爱的时候。

有时候乌雨真想回到 19 岁，不无理取闹跟他吵架，阻止男孩的脚步，不让他在那辆车驶过来的时候救下自己，或者，至少要告诉他，自己真正的心意。

你想回到 19 岁吗？有个声音在她耳边问。

当然想。乌雨这样回答，就算是再见他一面，那也是她所奢求的。

乌雨眼前一阵眩晕，再睁开眼时，她已经站在一条马路之上，望着身边来来去去的人群，突然觉得这个场景有些熟悉。她低头看了看自己身上的白 T 恤和牛仔短裤，这是她已经很多年没有过的装扮。

"小雨。"

身后有一个熟悉的声音传来，她转头看到那个男孩的时候，一瞬间就泪湿了眼眶。

她怎么可能忘记得了这个人，他占据了自己前半生的人生，直到现在也还是想着他，过了这么多年她都已经失望了，可在他又一次出现在自己面前的时候，乌雨才发现，就算经过了这些年的放逐，她还是没有放下。

乌雨扑到他怀里，紧紧地抱着他，"时光，时光。"

孟时光无奈地拍拍她的背，"怎么哭了？不是你先生我的气，跟我吵架的吗？现在不跟我闹了？"

乌雨靠在他的肩上，终于想起这一幕为什么这么熟悉了，这不就是时光出事的那一天吗？她因为时光没有记得他们交往的纪念日而跟他吵架，结果在街上差点被车撞了，是时光扑过来救下的她，可自己却永远地闭上了眼睛。

乌雨的心里突然很是恐慌，这到底是她的梦境，还是她真的回到了 19 岁的这天？

她紧紧地拉着孟时光的手臂，在看到他熟悉的温柔目光时，又忍不住落下泪来，"时光，是我错了，我们不要再吵架了好不好？"

孟时光皱了皱眉，"你怎么了？"

乌雨摇摇头，神情里满是失而复得的喜悦和唯恐再次失去的害怕，"时光，我喜欢你。很喜欢很喜欢你，你都不知道我心里是怎么喜欢着你。"

孟时光伸出手揉散了她的头发，"傻瓜，我当然知道，我也是一样。既然你不跟我生气了，那么我带你去看电影好不好？你总是这么心急，都不知道我为你准备了惊喜。"

她怎么会知道？若不是现在，她可能永远都不知道，在她失去他的时候，她还错过了什么。

孟时光拉着她走过人行道，他们的眼里互相只有对方。

"不！"

一阵刺耳的刹车声响起，乌雨倒在了一边，亲眼看着那个她好不容易重新见到，深深爱着的男孩，又一次跟这个世界告别，又一次离开了她。

乌雨看着他依旧稚嫩的脸，伏在他身上痛哭出声。若只是要她将伤痛再经历一遍，她宁愿忘记，也想让他好好地活着。

乌雨哭着哭着，耳边又传来了一个声音，带着显而易见的关心，"小雨，小雨，你怎么了？"

乌雨又一次睁开眼，感觉自己身处在一张柔软的床上，而刚刚才在她面前死去的男孩，又出现在了她面前，只不过面容变得成熟，但依旧是她熟悉的容颜。

乌雨猛地坐起来，双手紧紧抱住他的脖子，"你是真的吗？"

"什么真的假的？"孟时光好笑地拍拍她的手臂，"你做噩梦了？"

"我做了好大的一个噩梦……"乌雨哭道，"在梦里，你离开我了，因为我被车撞死了。"

"那还真是一个很可怕的梦境，"孟时光说道，安慰地亲亲她，"老婆，就算昨天跟你吵架，你也不能咒我死啊？好了，我认错，我根本就没有忘记今天的结婚纪念日，儿子我送到我妈家了，我们俩出去看电影好不好？"

在这个梦里面，他们已经结婚了吗？乌雨这样想着，可看到他熟悉的温柔目光，又觉得这些都没什么大不了的。

就算是梦,也请让她再不要醒来。

一直到现在,她都很后悔,她还欠那个心爱的男孩一句话。

乌雨捧起孟时光的脸,"时光,我爱你。"

放开手，我还你自由

作者：幽蓝

曾经最亲的男人和女人将变成比陌生人更陌生的两个人。

有些情一旦失去，就只能忘记，

有些人一旦离开，就永远回不了头了。

有些事，做了，就没有回头路。

宁愿不曾开始，开始了，也希望能迟点结束，

但结束了，就是结束了。

男人想家了，他知道，他这次回去，就再也不会离开家乡，他出来得太久了。一个月前，男人就跟女人说了，告诉她，他要回老家了，但他并没有邀请相伴了几年的女人同去。

女人说，嗯，我知道了。你准备什么时候走？男人犹豫着，却

没有说出走的时间。女人知道，男人也舍不得离开自己，他的老家有一个女人在等着他。虽然没有感情，却有一份责任，牵绊着他。女人舍不得男人离开，但也不知道如何去挽留他，只有让他自己决定。

男人在女人的城市开了一个小店，店面已经盘了出去，因为投资出错，资金全赔了进去，他只有回老家。他不想离开，他更不想拖累女人，虽然女人不在乎这些拖累。

那次谈话后的每一天，女人都把这天当作男人要离开的最后一天，傻傻地看着男人，不敢去想当他离开后，她的日子会怎么样，也许可以在当地找一个条件很好的男人结婚生子，但那个人不是他。想到这些，女人更舍不得男人了，看着他的眼睛湿润起来。

男人感觉到女人的关注，在电脑前转过头，对着女人，微微笑了下，又继续玩游戏，但紧锁的眉头，女人知道，男人心情并没有被电脑中精彩的游戏吸引住。女人对男人太熟悉了，熟悉到可以辨认出他的发丝，一个喷嚏，一缕气味，一个肢体的语言，甚至是一个影子，都能分辨出男人的喜，怒，哀，乐。

"嗨。"女人轻轻地说了声。

男人转过头，微笑着问，怎么了？眉间的烦恼消失不见，只有春风般温暖的微笑。没事，女人说道，只是打个招呼。女人温柔地看了看男人，脸上展开一个灿烂的笑容，拿起手中的书。男人爱怜地看着女人，摇了摇头，转头继续面向电脑屏幕，眉头也没那么紧锁。

女人心中有他，只想他开心，只想看着他的笑容。而他，也只想她快乐。

女人看着衣橱顶上摆放着一个崭新的行李箱，它将伴着他离开，现在里面空空，没有任何东西。他的衣物，一个行李箱是放不下，最重的一样，他无法带，也带不走，只留回忆和想念。或者会是忘记。

还记得刚才吃饭时候，他说，我明天要走了，她说，好吧，那行李箱应该收拾下了吧。嗯，是的，他低下头，回答道。

时间已经很晚了，他依然坐在电脑前，行李箱孤独地躺在橱顶上，她安逸地拿了本书，静静地看着书，偶尔抬头看着依然存在的他，心里满满的幸福感。想起他终将离去，悲苦惆怅迅速地漫延到鼻腔酸酸的，眼睛中有湿湿的液体，争先恐后地往外逸出，怕被他发现，她的头垂得更低，装着看手中的书。

老家的那个她，是他孩子的妈，他的前妻。他们在长期的争吵后，选择了离婚。离婚后的他，悲伤地流连在网络，认识了女人，女人温柔的话语，体贴的问候，他放弃了一切，孤身来到女人的城市，陪在单身女人的身边，单身女人也不再单身了。到如今，相依相伴也有几年了。能干的男人，从骑三轮车卖货到建立起自己的小店，一路艰辛地走来，赚得的钱还要汇给前妻，孩子在前妻那里。慢慢地，男人店里的生意越来越好，钱也汇得多起来，但是前妻的要求也越来越多。上次好像是因为孩子要交 5000 元的入园费。女人所在的一线城市，也很少有这么高的收费，但牵扯到孩子，他总是会控制不了屈服，而女人也无法去劝说。钱汇了。男人的小店又遇到一起食物引起的小问题，店里没有钱周转，只好把店铺给转让了。

男人家乡的父母也希望他能复婚，为了孩子。离婚后的前妻，后悔了，通过亲戚朋友，跟他家人表达了想复婚的意愿。他没办法拒绝亲戚朋友们的好意，只有待在女人的家乡，不回老家。有时候，女人看到他会傻傻地看着孩子的照片，眼睛湿润，路上遇到年龄相近的孩子，他都会很开心地抱一抱，看得女人心酸。

女人知道，自己只有放开手，男人才会离去，但她希望分手的这一天能继续延伸下去，没有结局的路，虽然难走，但还是充满了温馨和快乐。

他将会回到他的家，而她也会重新开始她的生活。他回到原来的那个家依然会痛苦，前妻的性格和他是无法调和的，女人知道，但现实的社会就是这样，万事不可能两全。既然他想回去，那女人也不想留他了。

曾经最亲的男人和女人将变成比陌生人更陌生的两个人。有些情一旦失去，就只能忘记，有些人一旦离开，就永远回不了头了。有些事，做了，就没有回头路。宁愿不曾开始，开始了，也希望能迟点结束，但结束了，就是结束了。

又是一天结束，夜深了，浓墨的夜，彷徨的两个人在屋里，又开始了一段相似的对话。"明天，我要回去了。"男人说。"好的，今天把东西收拾下吧。"女人答道。女人知道，男人的钱快用完了，他又没去找工作，他是真的要回去了。男人站在阳台，对着窗外的夜，吐着苦涩的烟圈。他要回去了。女人含泪取下了橱顶的行李箱，悄悄拭去眼底的泪，微笑着对男人说，我帮你收拾吧。男人没有回身，僵硬地对着漆黑的夜空点了点头。女人打开行李箱，把早就收拾好的衣物一件件放了进去，太多太多的衣服，太多太多的情，一个行李箱根本装不下，但还是得去装。女人强忍着，一直没有哭泣，心里好像有一把刀，一寸寸地切割着她，痛得失去了知觉，整理着箱子。还得保持微笑，因为她知道，她不能哭，她一哭，他就不会离开，而他必须回去了，他的孩子打电话来，想他了。男人一直站在阳台，抽着烟，女人关上箱子，走到阳台，从后面环抱上男人的腰，感觉到他抖动的肩膀，强压着的抽泣。

"对不起。"他说。

没关系，女人哽咽地回答："你一定要幸福啊。"

"没有你，我都不知道什么是幸福，对不起。"

女人已经痛得说不出话来了，只有更紧地抱住了男人的腰。用很大很大的力气，想把男人勒进自己的血肉里面。男人转过身，抱紧了女人，也很用劲地抱着，直至两人都没有力气。

天亮了，一夜未眠的两人，拖着行李箱，打车去了长途汽车站，男人不要女人去送，但女人坚持，他只有同意。他也知道，这次的离去，将是永远。就算两人以后有再见面的机会，也不是现在的他和她。

进了售票大厅，女人拿着男人的行李，男人汇入长长的队伍里面去买票，队伍在慢慢地向前挪近，他随时会回头，看看站在行李旁的女人，每一次回头，恍惚的女人都会堆起温柔而苦涩的微笑，她的视线一直追随着他的身影，随着队伍向售票口前移。女人希望这队伍能永远排下去，他可以永远在她的视线里面。可惜，时间总是在向前推进，不会因为某个人心痛的祈祷而改变。

他买了今天最后一班车的车票，提过行李，拉起女人的手，软嫩的感觉让他再一次地难过。他记得第一次拉起这双手的时候，惊奇地发现，女人的手，好软。

送君千里，终须一别，看着男人一步三回首地走向长途客车，女人的眼泪再也控制不了。无声地流着，而男人也低下了头，女人知道，男人也哭了。

长途客车慢慢地消逝在女人的视线中，奔向了远方，也带走了她的他。女人傻傻地站在路旁，看着车离去的方向，发呆。天地间是一片寂静。天色渐渐黑下来，女人依然站在原地，伤心过度，体弱的她两腿打软，跌坐在地上，她都没有感觉。路人关心的问候声，让她回到尘世。她微笑着抬起头，那笑容比哭都难看，谢绝了路人的帮助，坚强地站了起来。打车回到两人曾经的家。上楼的时候，男人的笑声还萦绕在耳边，因为女人身体虚弱，男人总是会拉着她的手爬楼。打开房门，里面到处是男人的影子，电话响起，是男人的，女人透过眼泪看着熟悉的号码,选择了挂断。

女人拿出旅行包,收拾了几件衣服,锁上房门,奔向火车站,买了最近的一张火车票,开始放逐自己,奔向一个未知的没有他的世界。

我怀念的，是那时的无话不说

作者：伊达公主

我想问为什么，我不再是你的快乐。
自尊常常将人都拖着，把爱都走曲折。
假装了解是怕真相太赤裸裸。
狼狈比死去更难受。

  如果情感可以物化，其实每个人都有一道坎，过去了就是圣人，过不去就是疯人。

  而木子已经疯了很久了，一个人疯言疯语，一个人大气磅礴，最后只剩下无尽的孤单和痛楚。

  眼泪有一千斤重，木子已经被累得瘦骨嶙峋，干涸无源。

  在大学快要毕业的那个假期里，木子还是收到了一条余一行的QQ

验证消息。

"我是余一行,你还记得我吗?"

这个小镇,总有着一种让人无法言说的透不过气感,特别是在夏天,感觉能在这个小镇代代生存的人类,都很顽强。被炙热与闷热之间调频下,人们在呼吸与窒息之间生生不息。

"哥,余一行约我了。"

"嗯?"正在看球赛的覃松瞧了一眼木子,眼神就开始凝重起来。他叹了叹气,"不是说你们没有联系了吗?"

好热,这个天气热得人快要烤化了。

"我删除了的,所有能联系到的。但是,他这次,主动找我了。"木子突然抬起头,嘴角开始有一点笑意在泛滥。

覃松怎么会不了解她的意思呢,在木子和余一行长达三年的感情里,木子一直都是那么的卑微,一直都是那么的被动,木子成功地诠释了什么叫作"呼之则来,挥之则去"的爱情角色。

"你怎么想的呢?"覃松怔怔地瞧着自己的妹妹,电扇的震动声如同人脑电波一样,乱了节奏,乱了心智。

木子突然不说话了,眼泪在眼眶里打转,"我只想问问他,为什么,为什么当初那么狠心抛弃我。"

覃松来到单位,刚泊好车,顾沁就出现了。

"你和你女朋友还好吗？"顾沁在单位的大院子里，在太阳底下烤着，脸色煞白。

覃松不敢直视这个女孩子，绕过她，进入了单位。

今天该他值班，他很忙，也很累，中途木子给他发了短信，她会去见余一行一面。

"女孩子，总是太傻太天真。"覃松给木子发了短信，他其实已经猜到了，毕竟木子，曾经那么地爱过那个男人。

同样天真的还有顾沁。

她打开了值班室的门，垂着泪，瞧着覃松。

覃松知道要来的总会来，他平静地瞧着顾沁。

"其实，我是故意让你女朋友看到我们两个的。"

"我知道。"

"因为我不想再暗恋你。"

"我也知道。"

"我想和你女朋友争夺一下你。"

"我，知道。"

顾沁突然瘫坐了下来，泣不成声，"可是你已经做出了选择，对不对？"

覃松点上了一根烟，眼圈如黑暗的意念，让原本黏人闷热的夜晚，越发地让人郁闷难堪。

木子见了余一行后，果断地和一直追她的孙飞在一起了，速度快得让覃松都咂舌。

"你不是很迷恋那小子吗?"

"嗯,很迷恋。暗恋一年,追他两年,在一起三年。哥,知道我为什么没有考上北大清华吗?全被这个男人给害了。"木子说得云淡风轻,苦涩中,让人听着心酸。

覃松正在炒糖醋排骨,也跟着笑了一下。

"你想清楚了?"

"嗯。"

"为什么又是孙飞呢?那小子追你那么久,你一直都拖着,不是说不适合你吗?"糖醋排骨的热油溅了出来,刚好烫到了覃松的手背上,疼得覃松大叫了一声。

木子跌跌撞撞地总算在家里找到了酒精和创可贴,覃松都炒好饭端到桌子上了,他给木子盛了一碗粥,推手表示不要。

木子吃了一口糖醋排骨,酥酥软软的,"哥,你手艺真的很好,难怪把嫂子拴得牢牢的。"

覃松苦笑了一下,"丫头,不是每段感情都如看起来那般好的。你还没有回答我,为什么没有和余一行继续,而是选择了孙飞?"

"因为余一行和我记忆中的不一样了,因为孙飞和我无话不说。"扒了一口粥,木子轻声说道。

"什么?"覃松有点听不见。

在余一行开门前，木子是很紧张的。她是徒步走过来的，大热的天，她穿得美美的，小心翼翼地走在蒸发着热气的大地上，感觉地上的热气完全可以将她融化掉，可以看见她的真心。

女孩子，只要付出一段感情，就怕输。一年前，她输得彻彻底底，被余一行冷落一个月后，一个分手电话，让木子彻底活在了煎熬中，她哭得昏天暗地，几乎想过自杀。

但是，她没有再纠缠余一行，她哪怕输，哪怕输得难看，她的背影，还是那么骄傲。

所以，当她如同在接受火刑一般的煎熬后，站在余一行的面前后，她知道，她拼尽全力的骄傲，瞬间化为子虚乌有。

余一行如同接待普通同学一样接待了木子，请她四处参观他的新家。

事后木子仔细地思考过，他，到底已不是记忆中的那个人了。

在没有任何告别的话语后，木子又重新走到了那条焦灼的大路上，这一次，她竟然没有流泪。

她竟然笑出了声。

那一天，木子在日记中这样写下：

我想问为什么，我不再是你的快乐。

自尊常常将人都拖着，把爱都走曲折。假装了解是怕真相太赤裸裸。

狼狈比死去更难受。

"松,我还是决定辞职了,或许最开始爱上你时是最让人怀念的,只是现在,我们都痛苦。"

覃松在半夜收到了顾沁的短信,而女友正在熟睡。

他一整夜都没有睡好,一直听着隔壁房间木子的说话声。木子正在和孙飞事无巨细地煲电话。

他还是打了这一段话:

我爱我的女友,我也怀念以前和她的无话不说,但是现在,我靠着回忆继续爱她。每段感情到了最后,都是靠着回忆过活。

天真的很热。

即使是半夜,也没有丝毫的风,燥热的夏天,燥热的心。

等待了很久,顾沁也没有回短信。

懵懂岁月里,我曾深深爱过你

作者:清荷诗语

心里有爱,幸福便不会离开。

花沾指,指染香,青春里,遇见你,遇见爱情。

时光很静,风声约住明月,

我的心头就会时时萦绕你的笑声。

一场春雨,下得温暖而又细致,把一朵又一朵的蔷薇花都赶到了枝头,红的、白的、粉的、黄的,开得真是热闹。

行走在这开满蔷薇花的小径上,一滴雨正好落在眉梢,洗亮了挂在心间的许多往事。你的笑,便在我的眼前渐渐清晰。突然想起,懵懂岁月里,我曾遇见你,并深深爱过你。突然就记起了你曾对我说过的一句话:"不负青春,不负卿。"

PART 5
懵懂岁月里，我曾深深爱过你

一抹浅笑，禁不住就挂到了嘴角，真好。那段爱情里，还回荡着岁月流经青春的回声，那么轻、那么暖。

一

雨很细，很轻，是一场毛毛雨，只要嘴角轻轻扯出一个微笑，便会把雨声淹没。一丛又一丛的花盛开着，花香混合着泥土的芬芳扯着小风的衣袖就跑在我的前面，每一口呼吸里，都是春天最为美好的馨香。

风筝线在我的手里扯得很紧，望着自己终于放飞起来的风筝，心便如小鸟一般地快乐了起来，随着风筝飞舞了起来。

仰望着天空，仰望着风筝飞行的方向，那些细细的雨珠凝在发梢，只要我不去触碰，它们就会如一颗颗闪闪的钻石一般戴在发际上。这样的美丽让我忘记了周围的喧闹，把整个春天和快乐贪婪地拥入自己的怀中。

然后，意想不到的事情就发生了，因为自己的不看路，因为自己的得意忘形，我一头就撞进了你的怀抱里，我们手里的风筝线就这样纠缠在了一起，眼巴巴地望着自己好不容易放飞的风筝无奈地落进花丛。

就这样当我们四目相视时，我看到了世上被雨水洗得最干净的一抹微笑，这抹微笑就挂在你的嘴角，挂在高大、帅气、明媚而又阳光的你的嘴角。

有点脸红、有点心跳、有点失落、有点不知所措地望着你,真的怕我的莽撞与过失会让你生气,两根风筝线缠绕得那么紧,一时我也不知道应该怎么分开才好。

就那么望着你耐心地、仔细地把两根线分开,望着落在你发际的那些细致的小雨珠闪着青春的光彩,倒映着花儿的模样。

当你把我那只巨大的蝴蝶风筝放进我的手中时,你微笑与我挥手作别:"天气不太好,不要太贪玩了。"

一句话,突然让内心生了许多的暖,虽然初遇,却不陌生。

二

"一朵,这么巧,原来我们是校友啊!"

刚刚放学走到学校门口的我,被突然的这一声称呼停下了脚步。然后便看到你帅气的脸上挂着的阳光一般的笑容。整个身体骑在单车上,右脚着地,那么随意,那么随和,如我们相识了许久一般。

禁不住对着这无法抗拒的笑容也浅笑了一下:"是啊,这么巧,没有想到我们在同一所学校读书。那天,真的对不起。"

我想为那天自己的过错向他道歉。

"没事的,一朵,等下个周日,我们一起去放风筝吧?"

那一年,我大一,你大二,我们都是走读生,并且有一大段路可以同行。

从此，校门外，便多了一个等待我的身影，每个晴朗或者阴雨的日子，我总是会被你目光里的深情温暖得心如一首快乐的歌谣一般。

一颗情窦初开的心，总是藏不住快乐、幸福与思念的。正如你对我说过的："一朵，那日，你是我眼里唯一的风景，谢谢那场雨，谢谢那两个纠缠在一起的风筝。"

爱情来了，谁也无法抵挡，既然遇见，爱就爱了吧。盛大的花朵，迷醉着春天，迷醉着春天这初生的爱情。

三

"一朵，对面新开了一家冰激凌店，我请你吃冰激凌吧。"

"一朵，双休日，我们去溜冰场滑冰好吗？"

"一朵，这是我给你买的沙漏，喜欢吗？"

整个夏天，我们都是以这样的方式开心着，快乐着。

任爱情在我们的眼里种下明媚，心里种下幸福。

本以为爱情就这样抚着青春的音符，不离不弃伴我们一路向前。

却不知道，与爱情初遇时，外表多了简单，内心多了波澜。总是有那么多的美好想象在心里生成，可当彼此面对的时候，却总是舍重就轻。想象着你我约会时，自己紧张的模样。想象我们手牵手走在夏夜公园小径上时，望满目花开，闻一路花香。

可我终是没有等到你的相约，我们依然每天如老朋友一般，上学去时，你会在我们家小区下面摇响一路铃声。放学回家时，会看到你守在校门外的身影。

一切都这么简单，我们害怕在安静的地方，两个人独处，我们喜欢在热闹的场合里随心而玩。

突然已经分不清这是爱情还是友情。

四

原来两个初恋的人儿，都不会，也不懂得爱情里的表达。总怕把爱情说出口后，美好便会从内心悄悄溜走。

无话时，我们会相对着傻笑，说一些无关疼痒、风轻云淡的话。

可如果一日不相见，却又从内心非常思念。

就这样，暑假来了。

我以为这个假期，你会找各种理由约我相见。可是，却没有收到你一个约我出去的电话，虽然网络里，你天天留言，问着我："作业你今天完成了没有？都是去哪里了，玩得开心吗？"然后，你会再汇报你一天的学习情况，说爸爸、妈妈帮你请了英语家教。

突然发现，这初生的爱情，总是会由人生初见的美，到最后都如清水一般没有了波澜。心里深爱着、想念着，嘴里却不会表达。

缘深分浅，这样的爱情，注定两个人终将成为陌路。这样的爱情，注定将是内心最干净的回忆。

当你出国后，我们便再没有了联系。

五

懵懂岁月里，遇见你，并深深地爱上了你。

悲伤与欢喜全由着心生，学不会虚伪，学不会掩饰，心在哪，情就在哪。

只是后来，再没有了后来，青春里，许多爱情都是以这样的方式离开，没有分手的理由却分手了。

才猛然想起，那两根风筝线虽然纠缠在了一起，可后来，却被你耐心而又细致地解开。

一路走来，曾也经历了自己想要的轰烈，可轰烈后，依然是生命里如水的缱绻，平淡占据着日子里的角角落落。

才知道，你最初给的爱情，一直是我想要的模样。只是因为年少，只是因为不懂得珍惜而让自己错失。

心里有爱，幸福便不会离开。花沾指，指染香，青春里，遇见你，遇见爱情。时光很静，风声约住明月，我的心头就会时时萦绕你的笑声。

在某个雨夜或者月明星稀之夜，手捧一本闲书，让自己坐成一首古词。滴滴答答的岁月把忧伤和思念洗亮,眼前晃动的依然是初心里那份最美丽、最干净和最明澈的爱情。而你的笑,阳光一般的笑,挂在心间,温暖着每一个青春的音符。

半颗糖，甜到忧伤

作者：暖心

很难过的时候，许泠会微微耳鸣，吃一颗糖，
却只吃到一半，才会发现，甜到忧伤，
不只是一个文艺矫情的句子。
它是你心里最真实的体会，是你的情绪，是你活生生的感觉。
生命中的遇见，从来都不是平白无故。

经历过许多离别，也看到过许多生死。或许，对于 20 岁的许泠来说，这似乎有些牵强。

许泠从来没有想过，多年后，当她听到一个人对她说要离开的时候，她心里真的很难过。

难过，是因为她，舍不得。而她会问自己，为什么舍不得？

这世间，原也没有太多值得留恋的事物。大概有些美好，会让你去会多一份渴望。

许泠知道，无论经历过什么，正在经历什么，即将要经历什么，她依然是那个悲伤过后，依旧会微笑的姑娘。

对，许泠爱笑。

大概因为这样，许泠总觉得，她是那个幸运的人，即使她也有过不幸的瞬间。

如果说生命是一场场遇见。

许泠从来没有想过，她会遇见那么一个人，在心底仿佛熟识一般。他不会一上来就追问许泠的过去，追问许泠的那些基本信息，仿若刻意一般地去打听。他就在你身旁，不多言，却能带给你阳光的感觉，他眼神清澈，你看着就会觉得自己的心思也是简单的。

或许，那是久违的邂逅，开启命途里那场叫作后青春里的一场兵荒马乱。安于流年，疼到忧伤。许泠说，我不太会说好听的话，我只会写字。

也许，许泠看到的只是他像万花筒中最明媚的那一面，简单而又温暖。

如阳光一样，你总会有点想要去靠近的感觉，也许，就只是那么一点点，而你的心却总能觉得温度适中，都很好。

认识文琛的那一天，许泠在零度酒吧喝着加冰冰岛啤酒，大口大口地灌进口里，仿佛那是白开水不是冰啤酒。酒吧里放着莫文蔚的

《广岛之恋》，许泠也跟着唱：是谁太勇敢说喜欢离别/只要今天不要明天眼睁睁看着/从指缝中溜走还说再见/不够时间好好来爱你/早该停止风流的游戏/愿被你抛弃就算了解而分离……

唱至后面那句，许泠眼角都是泪，"分离"两个音更是被拉得很长，破了音。那个时候，文琛刚好和一群朋友进门而入，一群人听到忍着笑但还是笑出了声来。文琛顺着声音望去，看到角落里独自酌酒的女子，皱了皱眉头。

文琛想，这女子估计是失恋来着，而且八成是被男人甩了，这年头，女的不是死缠烂打，就是一哭二闹三上吊，想想都觉得后怕。

其实不然，许泠是因为想念阿婆，人都有生老病死，可当阿婆真正走了，许泠才明白其中的意义，因为，你再也见不到。

许泠是阿婆带大的，父亲母亲忙工作，很少回家，许泠跟阿婆感情自然深厚。

阿婆去得很平静，而许泠的心却一点也不平静，在那个过程里，许泠没有掉过一滴眼泪，许泠似乎还可以感觉到母亲狠狠的那一巴掌，她说，许泠，你连一滴眼泪也吝啬吗？许泠不语，因为她真的哭不出。而此刻，许泠却再也忍不住。

那一天，有几个小混混骚扰许泠，是文琛解的围，后来，许泠吐了一地，是文琛送她回的家。并不美好的一场遇见，却让许泠开启了一场命途的动荡。

相识的过程，许泠不愿再去回想，只记得文琛的飞机划过天际的时候许泠倔强地望着天。自此后，他们之间隔的，不仅仅只是一个大洋彼岸。

许泠想，她没有读懂他的失落，他的难过，她看不到的或许他也曾孤单地努力想要去飞，失望过后却又依然鼓起勇气向前迈进的脚步，她还没有，也不能。

很难过的时候，许泠会微微耳鸣，吃一颗糖，却只吃到一半，才会发现，甜到忧伤，不只是一个文艺矫情的句子。它是你心里最真实的体会，是你的情绪，是你活生生的感觉。

生命中的遇见，从来都不是平白无故。

哪怕是一场路过，也会留着些许足迹，哪怕它又在时间的长河里消耗殆尽。

独一无二，许泠从来没有想过，有一天会有一个人带给她不是刻意复制的反复。

关于未来，关于幸福，我们总是太想迫切拥有，却又看不清，始终觉得眼前有一层雾，想要努力剥开，却又剥不开。

有这样一句话：年轻时总以为那只是一场错过，后来，才明白，那是一辈子。

一辈子，说长不长，说短不短。感知过那一份美好，即便它在她的岁月里短到只如一场烟火般绚丽美好，许泠也有勇气铭记到永久。

那一瞬间，已足够一生一世。

许泠知道，文琛终究会离开，在她的世界里，带走的，不仅仅只是一片晴空暖阳。

不管别人信不信,那一份不可言喻,早已在心里疼到过纠缠万分。

她也在没有年少时,那种追逐温暖而奋不顾身的勇气。因为许泠懂得了珍惜,懂得了不去辜负……到最后却才明白,许多时候,你会辜负了自己,而你还是会微笑。

那是一份温暖,一份阳光,一份福气,许泠始终相信,即便不是她,它依旧能够照耀另一个世界。那个永永远远,拥有那份珍贵的人,她很幸运。在以后,会安于流年,却在流年里开出温暖的花,不再是疼痛。

在那一场叫作生活的幸福里,已是永恒。记忆,依旧是最美的东西。你不能拥有的时候,你可以铭记。你可以遗憾,可你不再叹息。那么,一定,要幸福。唯有祝愿,是许泠唯一能够做的。

我生来忧伤，但你让我坚强

作者：一介

此时，我懂得了现实的价值，在一半忧伤的明媚里，
渐渐走向另一半明媚里的忧伤；
或许，词不达意，但于我，于你，文字的表达显然多余，
只不过拿给时间做消遣，请它脚下留情，
许你我一个可以相守的、永恒的瞬间。

不夜之城，如此喧哗；我的夜，渐深，静默。

窗外大雨如注，绽放的栀子花花影摇曳。放一首忧伤的纯音乐，任其游走着心殇。

一个人，单手支着下巴，听雨，发呆，想你，一遍遍，细致的温和的。多少个雨夜或满天繁星，铺就一种氛围，只为适合想你。

想你，无声无息。你一无所知，我尽收心底。不同的是想你的姿势。或铺就一席凉席，于地板上，用色彩涂抹你给的回忆。用笔刷在洁白的墙上刷出一道五彩缤纷的彩虹，然后一点点，一丝丝，细数你给的温柔，触摸你给的温度。偶或仰望天花板，你的脸庞映在朦胧的吊灯上，冲我微微笑……

偶或有时，一盏青灯，捧读你推荐的书，不厌其烦，沉浸其中，乐不思蜀，让思想插上翅膀，随着别人的脚步千山万水走遍，亦可在别人的美满中感悟幸福的滋味。

多数时间，为你提笔，写下关于你的点点滴滴，林林总总，书写中渐逝时间，向你靠近。然，写作间隙，停笔怅然：终究无法逃过忧伤本性。换而言之，对所谓甜蜜生活没有向往的欲望。因为没有你的幸福，只是一杯添加了防腐剂的碳酸饮料，再甜，再有滋有味，再上瘾，又怎么敌得过白开水的你那般健康明朗，以及无味之味呢……钟爱的仅仅那么简单，一杯白开水，一杯来自山间的清泉烧熟的白开水，生命本来应该呈现的状态与自然的真实。

于你，于我，或许，爱情只是这样一种最真实的自然现象。我们不必阴谋诡计苦心费力地去争斗，去抢杀，我们只是遇见，欢喜，分开，想念，一切淡淡地来，淡淡地走，不带走一丝属于你我的本真。

还记得吗？初次相见，虽语焉不详，心却坠入迷雾，久而久之，才明白，最初那一眼的温柔与明媚，已然注定今生的难舍。那时，阳光下，春风中的我，满脸笑容，满腹情愁，无法释然的疼痛在黑暗洞穴里不断彷徨、踱步、循环，几经生死拷问，又离奇得来来往往，反反复复。欲向残月说心思，又恐晚风不渡孤。

你出现了，在我欲语还休时，一切理所当然地交付给你，像是上世的缘，冥冥中注定，我递去，你接着，我颤抖，你拥抱……很多我知道的道理从你口中说出来，好比良药亦甜口。

此刻，我呆呆望着投射在墙上自己的影子，无言无语，想你最后一次转身离去，那以后，我成为爱哭鬼，任流年飞逝，草长三月溢流年，泪眼飞花成疯絮，理不清，道不明；一个个冷如水的夜里，蜷缩成团，整个房间悲伤成河，夜夜流淌，日日不休；当梦醒人去，独留我，残影对孤心。

生性忧伤的我，更向忧伤深处行，步步为营，紧紧逼近，丝毫不给自己反败为胜的机会；时间还是无情地从指尖滑过，带着冰冷的我的心，越发麻木，越发无所谓有无所谓无。

是什么时候柳暗花明豁然开朗的？当阳光从窗外漏进，一束束，风生水起的样子，我看痴了，你在阳光里跳舞，像极了一个逗人笑的小丑。那一刻，我笑了，而后用尽全身力气站起来，拉开窗帘，让整个房间洒满阳光，弥漫所有你的舞步。

刻骨铭心的爱，就此慢慢散去，伤口好了开始结疤，望着这道疤痕，我才确定无疑你真的在我生命中出现过，以后每一次凝视，抚摸，都会在灵魂深处想起你。没有勇气再去把你找回，而且就算找回，结局也不会改变。倒不如在你的微笑里，将我的忧伤掩埋，取千年的老酒，于懒洋洋的午后，一边醉着，一边痴人说梦。

此时，我懂得了现实的价值，在一半忧伤的明媚里，渐渐走向另一半明媚里的忧伤；或许，词不达意，但于我，于你，文字的表达显然多余，只不过拿给时间做消遣，请它脚下留情，许你我一个可以相守的、永恒的瞬间。

如果你说这还不够，是，那么，我将继续烧制文字，把自己打造成铜墙铁壁，任凭人间狂风暴雨冬去春来，只在内心深处为你保留一份不褪色的纯真。那纯真中，夹杂着我们顽强的生命力，唯有爱与你的结合，才可完美演绎这段传奇，加上我，不变的情怀，一场盛宴，一世情怀。

图书在版编目(CIP)数据

青春都一样,柔弱又坚强 / 周小雷主编.—北京：中国华侨出版社,2015.8

ISBN 978-7-5113-5619-2

Ⅰ.①青… Ⅱ.①周… Ⅲ.①人生哲学-青少年读物 Ⅳ.①B821-49

中国版本图书馆 CIP 数据核字(2015)第192362 号

青春都一样,柔弱又坚强

主　　编 / 周小雷
责任编辑 / 文　喆
责任校对 / 王京燕
经　　销 / 新华书店
开　　本 / 670 毫米×960 毫米　1/16　印张/16　字数/210 千字
印　　刷 / 北京建泰印刷有限公司
版　　次 / 2016 年 2 月第 1 版　2016 年 2 月第 1 次印刷
书　　号 / ISBN 978-7-5113-5619-2
定　　价 / 29.80 元

中国华侨出版社　北京市朝阳区静安里 26 号通成达大厦 3 层　邮编:100028
法律顾问:陈鹰律师事务所
编辑部:(010)64443056　　　64443979
发行部:(010)64443051　　传真:(010)64439708
网址:www.oveaschin.com
E-mail:oveaschin@sina.com